世纪英才　高等职业教育课改系列规划教材　（电子信息类）Electronic Information

www.ycbook.com.cn

基于项目驱动的 Protel 99 SE 设计教程

黄程波　卢鑫 ◎ 编著

Tutorial of Protel 99 SE
Design and Application

人民邮电出版社
北京

图书在版编目（CIP）数据

基于项目驱动的Protel99 SE设计教程 / 黄程波，卢
鑫编著. -- 北京：人民邮电出版社，2014.6
世纪英才高等职业教育课改系列规划教材. 电子信息
类
ISBN 978-7-115-34577-6

Ⅰ. ①基… Ⅱ. ①黄… ②卢… Ⅲ. ①印刷电路－计
算机辅助设计－应用软件－高等职业教育－教材 Ⅳ.
①TN410.2

中国版本图书馆CIP数据核字(2014)第053385号

内 容 提 要

《基于项目驱动的 Protel 99 SE 设计教程》主要介绍 PCB 设计软件 Protel 99 SE 的使用，全书共 9 个项目，每个项目设计成相应的教学情境：项目内容、项目目标和操作步骤，通过项目训练掌握电路原理图的绘制、元件设计、PCB 基础知识、PCB 手工设计、PCB 输出及 PCB 自动设计等。学生在完成不同项目的过程中，可以由浅入深，由易到难学习 Protel 99 SE 软件，同时也学习了电子线路板设计的思路。

本书可作为高职高专院校 EDA 技术、PCB 设计等相关课程的教材，也可供从事电路设计的工作人员参考。

◆ 编　著　黄程波　卢　鑫
　　责任编辑　韩旭光
　　责任印制　张佳莹　杨林杰

◆ 人民邮电出版社出版发行　北京市丰台区成寿寺路 11 号
　　邮编　100164　电子邮件　315@ptpress.com.cn
　　网址　http://www.ptpress.com.cn
　　中国铁道出版社印刷厂印刷

◆ 开本：787×1092　1/16
　　印张：16.25　　　　　2014 年 6 月第 1 版
　　字数：376 千字　　　2014 年 6 月北京第 1 次印刷

定价：34.00 元

读者服务热线：(010)81055256　印装质量热线：(010)81055316
反盗版热线：(010)81055315
广告经营许可证：京崇工商广字第 0021 号

随着计算机技术的发展，电路设计中的很多工作都可以交给计算机完成，电子设计自动化（EDA）已经成为不可逆转的时代潮流。Protel 99 SE 是 Protel 公司（现已更名为 Altium 公司）于 2000 年推出的一款 EDA 软件，是 Protel 家族中性能较为稳定的一个版本。它不仅是印制电路板的设计工具，更是一个系统工具，能覆盖以 PCB 印制电路板为核心的整个物理设计。该软件功能齐全，操作简单，易学易用，自动化程度高，深受电子设计工程师的喜爱，并已成为当今电路板设计的首选工具之一。对于高职高专院校的学生来说，掌握应用软件显得尤为重要；学生既要了解该软件的基本功能，又要结合专业知识，学会利用软件解决专业中的实际问题。为此，我们结合自己十几年的教学经验及体会，编写了这本适用于高职层次的 Protel 99 SE 教材。

本书具有鲜明的实用性特色，以项目形式编写，讲授与实操一体化行为导向教学模式，通过引入 Protel 99 SE 使用基础、原理图设计基础、基础原理图设计、原理图元件库编辑、层次原理图的绘制、PCB 设计基础、PCB 手动布局和手动布线、PCB 元件库编辑、PCB 自动布局和自动布线 9 个项目训练，由浅入深，详细介绍使用 Protel 99 SE 开发环境进行电路原理图的设计、PCB 印制电路板的设计和编辑等典型方法和技巧。每个项目后面都有相关知识介绍，以备学生查询和深入学习需要。此外，还附有大量的习题，通过一定的练习，使学生能在较短时间内熟练掌握 Protel 99 SE 软件的使用。

本书由深圳信息职业技术学院黄程波、卢鑫编著。在本书的编写过程中，作者还参阅了多位同行专家的著作和文献，在此表示衷心感谢！

感谢您选用本书，敬请您把对本书的宝贵意见和建议反馈给作者。作者的邮箱：Huangcb@sziit.com.cn。

编 者
2014 年 04 月

Contents 目 录

项目一 Protel 99 SE 使用基础

【项目内容】

启动 Protel 99 SE，设置好系统参数；创建一个设计数据库文件，并设置文档的管理权限；创建新的文件和文件夹，并进行文档的打开、保存、关闭、删除和恢复等操作。

【项目目标】

(1) 了解 Protel 99 SE 的组成和特点。

(2) 掌握系统参数设置方法。

(3) 掌握设计数据库文件的创建方法。

(4) 掌握文档的管理权限设置方法。

(5) 掌握基本的文件操作方法。

【操作步骤】

1. 启动 Protel 99 SE

与其他 Windows 程序类似，可以有多种方法启动 Protel 99 SE。

(1) 桌面快捷方式：如果在安装 Protel 99 SE 的同时也在桌面上创建了快捷方式，可以直接双击桌面上的 Protel 99 SE 快捷图标来启动。

(2) 通过设计数据库文件启动：直接在工作目录双击一个 Protel 99 SE 的设计数据库文件（.ddb 文件）可以启动 Protel 99 SE，同时，所选择的设计数据库也会被打开。

(3) 从"开始"菜单打开：单击任务栏上的"开始"按钮，从弹出的"开始"菜单中选择 Protel 99 SE 命令，即可启动 Protel 99 SE 进入设计环境，如图 1.1 所示。

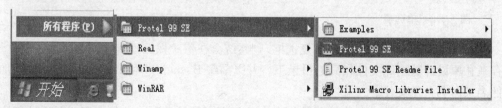

图 1.1 从"开始"菜单启动 Protel 99 SE

Protel 99 SE 启动后，系统将进入 Protel 99 SE 的主程序界面，如图 1.2 所示。

2. 设置系统参数

第一次运行 Protel 99 SE 时可以对一些基本的系统参数进行设置。

(1) 如图 1.3 所示，单击菜单栏旁的 ![按钮] 按钮，在出现的菜单选项中选择命令【Preferences】，即可打开如图 1.4 所示的系统参数对话框 Preferences。

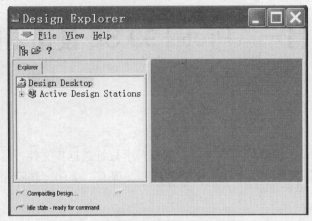

图 1.2   Protel 99 SE 主程序界面

要点提示：   图 1.4 系统参数对话框中有 5 个复选框，其作用说明分别如下。

图 1.3   菜单选项

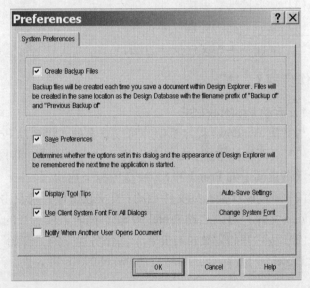

图 1.4   系统参数对话框 Preferences

- Create Backup Files：选中该复选框，则系统会在每次保存设计文档时生成备份文件，保存在和原设计数据库文件相同的目录下，并以前缀 Backup of 和 Previous Backup of 加原文件名来命名备份文件。

- Save Preferences：选中该复选框则在关闭程序时系统会自动保存用户对设计环境参数所作的修改。

- Display Tool Tips：激活工具栏提示特性，选中此复选框后，当光标移动到工具按钮上时会显示工具描述。

- Use Client System Font For All Dialogs：选中此复选框则所有对话框文字都会采用用户指定的系统字体，否则会采用默认字体显示方式。

● Notify When Another User Opens Document：选中此复选框则在其他用户打开文档时显示提示。

此外，图 1.4 所示系统参数对话框中还有 2 个按钮，其作用说明分别如下。

● 【Change System Font】按钮：在选中 Use Client System Font All Dialogs 复选框的情况下，如要指定或更改系统字体，可以单击此按钮打开系统字体对话框进行设置。

● 【Auto-Save Settings】按钮：可以打开"自动保存"对话框，可以选择是否启用自动保存功能（Enable 复选框），如启用，则可以设置备份文件数（Number，最大为 10）、自动备份的时间间隔（Time Interval，单位为分钟）以及设置用于存放备份文件的文件夹（User Back Folder）。

（2）如图 1.4 所示，设置好系统参数对话框。

（3）单击图 1.4 右侧【Change System Font】按钮，按图 1.5 所示设置好对话框字体。

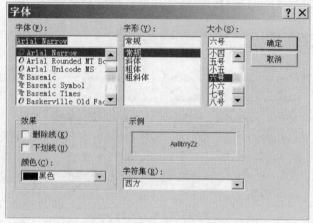

图 1.5　系统字体设置对话框

要点提示：Protel 99 SE 系统的一个缺点是对话框内的文字常常被切掉，通过设置对话框字体，可以改变这种现象。

（4）单击图 1.4 右侧【Auto-Save Settings】按钮，按图 1.6 所示设置自动保存对话框。

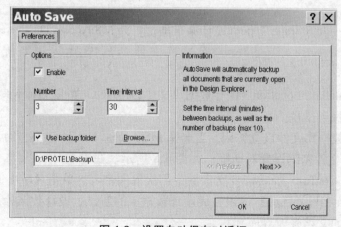

图 1.6　设置自动保存对话框

3. 创建设计数据库文件

Protel 99 SE 是以设计数据库文件的形式来保存设计过程中的所有信息的。在默认状态下，Protel 99 SE 将设计过程的全部文件都存储在一个 MS Access Database 数据库文件中，即所有的原理图、PCB 文件和其他的文档资料都存储在一个扩展名为.ddb 的文件中。

要点提示：Protel 99 SE 对原理图、印刷电路板图等文件的管理，借用了 Microsoft Access 数据库的存取技术，将所有的相关文档资料都封装在一个单一的数据库中，在资源管理器中只能看到唯一的.ddb 文件，这种整合封装让用户从一大堆文档中解脱出来，可以对设计文档进行更有效的管理。建立设计数据库时也可选择 Windows File System，在对话框底部指定的硬盘位置建立一个设计数据库的文件夹，将所有相关文件资料保存在文件夹中。这样的话，可以直接在资源管理器中对数据库中的文件进行操作，如复制、粘贴等，可以方便地对数据库内部的文件进行操作，但不支持 Design Team（设计组）特性。

（1）执行菜单命令【File|New】，系统弹出新建设计数据库对话框，如图 1.7 所示。

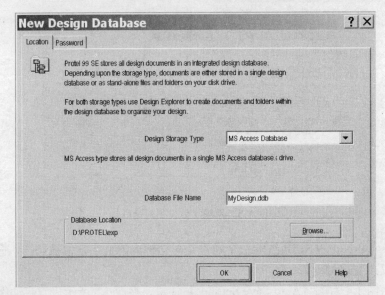

图 1.7　新建设计数据库对话框

（2）选择 Design Storage Type（设计保存类型）为 MS Access Database。

（3）命名 Database File Name（数据库文件名），这里采用系统给出的默认名 MyDesign.ddb。

（4）设定 Database Location（保存数据库文件的路径），单击【Browse】按钮，选择设计数据库文件的保存路径。

（5）为设计数据库文件设立密码。当选择 MS Access Database 类型时，单击 Password 选项卡，则进入文件密码设置对话框，如图 1.8 所示。在 Password 文本框中输入所设置的密码，然后在 Confirm Password 文本框中再次输入密码。单击【No】单选按钮，则可以再次取消密码，单击【OK】按钮完成设计数据库的新建。设计数据库在创建之后，出现如图 1.9 所示的文档管理界面。

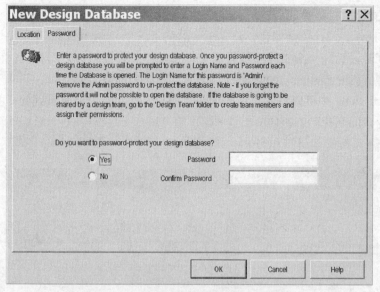

图 1.8 设计数据库文件的密码设置对话框

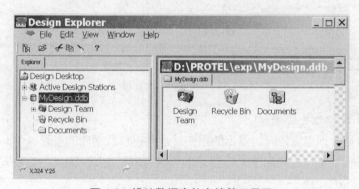

图 1.9 设计数据库的文档管理界面

要点提示： 新建设计数据库文件时设立的密码是系统管理员 Admin 的密码。如果设置了管理员密码，那么打开设计数据库文件时会出现如图 1.10 所示的输入密码对话框，输入用户名和密码，即可打开设计数据库文件。

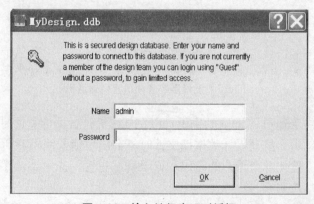

图 1.10 输入访问密码对话框

4．设计文档的权限管理

如图 1.9 所示，设计数据库在创建之后，提供了一个 Design Team 工具。该工具可以为多个设计者同时设计同一个工程项目提供文件安全保障，使得多个用户可以同时操作同一个设计数据库。打开 Design Team 窗口，可以看到 3 个项目，Members 用来管理设计团队的成员，Permissions 中可以设置成员的工作权限，Sessions 中可以看到处于打开状态的文档或文件夹窗口的名称列表，如图 1.11 所示。在 Members 文件夹中，可以看到自带的两个成员：Admin（系统管理员）和 Guest（客户）。

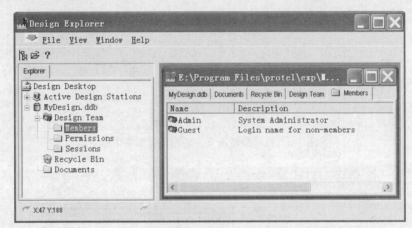

图 1.11　Design Team 窗口

（1）设置系统管理员密码

创建一个设计数据库文件时，建库的用户就是此设计数据库的主管（Admin）。如图 1.11 所示，双击 Admin 图标，打开如图 1.12 所示的设置管理员密码的对话框，设置好管理员密码。

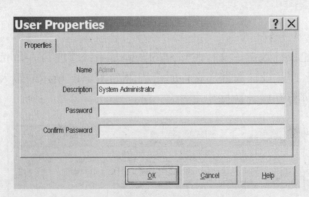

图 1.12　设置系统管理员密码对话框

要点提示：系统管理员 Admin 的密码可以在新建设计数据库文件时设置。如果用户没有设定管理员密码，那么打开设计数据库文件时不会出现输入密码对话框，系统将自动以管理员的身份登录。要使各个用户的密码和权限真正有效，首先要设置管理员密码。

（2）成员的创建与删除

① 创建新成员 Member1 和 Member2：在 Members 界面下，执行菜单命令【File|New

Member…】，打开如图 1.13 所示的创建新成员对话框，在 Name 文本框中输入新成员的名称 Member1，在 Description 文本框中输入该成员的描述信息，在 Password 和 Confirm Password 文本框中分别输入和确认该成员的访问密码，然后单击【OK】按钮，创建新成员 Member1。

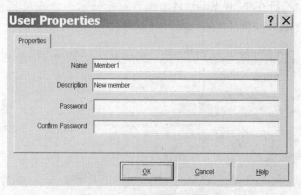

图 1.13　创建新成员对话框

② 用同样的方法创建新成员 Member2。

③ 删除已有成员 Member2：在 Members 界面下选中需要删除的成员 Member2，执行菜单命令【File|Delete】，或者在成员名称上单击鼠标右键，在弹出的快捷菜单中选中【Delete】命令，删除已有成员 Member2。

（3）设置成员的工作权限

创建了新成员后，往往需要设置成员的工作权限。

① 在文件管理器中单击 Design Team 目录下的 Permissions 文件夹，进入 Permissions 文件管理工作窗口，如图 1.14 所示。该窗口中列出了所有的设计成员，并且列出了每名成员所能操作的文件目录和操作权限。

图 1.14　Permissions 管理区

要点提示： 访问权限分为 4 种，分别如下。

- R（Read）：可以打开文件夹和文档。
- W（Write）：可以修改和存储文档。

- D（Delete）：可以删除文档和文件夹。
- C（Create）：可以创建文档和文件夹。

如果一个成员具备了根目录下的所有操作权限，那么该成员的功能就相当于 Admin（管理员）了。所以，对于非管理员的成员来说，通常都要限定允许访问目录和操作权限。

② 执行菜单命令【File|New Rule...】，或者双击任意一个成员名称，打开如图 1.15 所示的设置用户工作权限对话框。

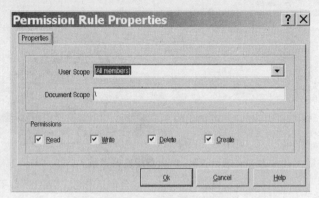

图 1.15　权限设置对话框

③ 按图 1.16 所示，在 User Scope 下拉列表中选择成员 Member1，在 Document Scope 文本框中输入 Design Team，在 Permission 选项组中选中 Read 权限，单击【OK】按钮。

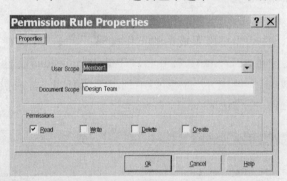

图 1.16　设置成员 Member1 的访问权限

④ 如图 1.17 所示，成员 Member1 对目录 [\Design Team] 具有 [R] 权限。

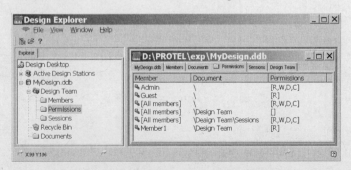

图 1.17　成员 Member1 的访问权限

⑤ 执行菜单命令【File|Close Design】，关闭设计数据库，然后执行菜单命令【File|Open...】，启动设计数据库 MyDesign.ddb，此时，按图 1.18 所示输入成员和相应的密码，单击【OK】按钮，登录设计数据库，测试验证成员 Member1 的工作权限。

图 1.18　输入访问密码对话框

5. 创建文件和文件夹

具有创建文档权限的用户启动设计数据库文件后，可以创建文件和文件夹。

（1）在 Documents 界面下，选择菜单命令【File|New】，或是如图 1.19 所示，在 Documents 工作窗口空白处直接单击鼠标右键，在弹出的快捷菜单中选择【New】命令，打开如图 1.20 所示的新建文件对话框。

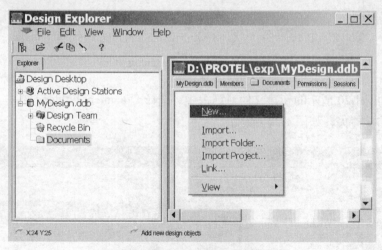

图 1.19　通过右键快捷菜单新建文件

（2）在如图 1.20 所示的新建文件对话框中，选择一种需要创建的文件类型。例如，选择原理图文件类型 Schematic Document，单击【OK】按钮，创建一个新的原理图文件，如图 1.21 所示。

9

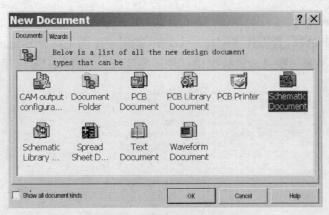

图 1.20   新建文件对话框

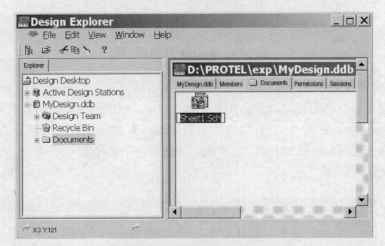

图 1.21   创建了新文件的界面

（3）在如图 1.20 所示的新建文件对话框中，选择 Document Folder，单击【OK】按钮，创建一个新的文件夹，如图 1.22 所示。

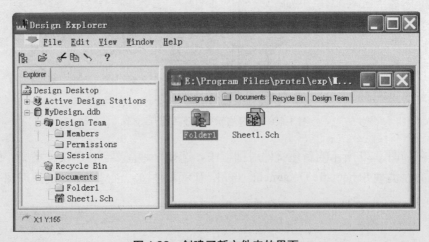

图 1.22   创建了新文件夹的界面

要点提示：对文件或文件夹更名有两种方法。第一种方法是在创建新文件或文件夹时，直接命名，不采用系统默认的名字；第二种方法是将光标移到要更名的文件或文件夹图标上，单击鼠标右键，在弹出的快捷键菜单中选择【Rename】命令。此时，图标下的文件名变成了编辑状态，再输入新的名字即可。

6. 其他文档操作

（1）设计文档的打开和保存

① 设计文档的打开：如图 1.23 所示，在 Documents 界面下，鼠标单击或双击文档标签 Sheet1.Sch，打开文档。

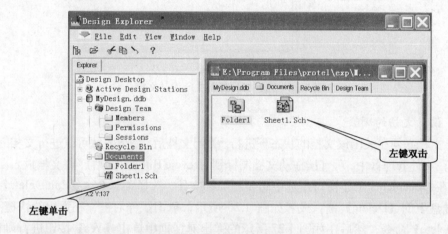

图 1.23 设计文档的打开

② 文档的保存操作与很多 Windows 程序类似，可以执行【File】菜单中相应的保存命令，还可以直接单击工具栏中的保存按钮。

（2）设计文档的关闭

① 如图 1.24 所示，执行菜单命令【File|Close】关闭当前打开的设计文档。

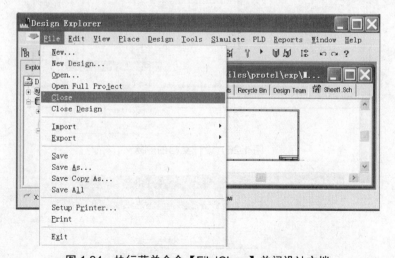

图 1.24 执行菜单命令【File|Close】关闭设计文档

② 如图 1.25 所示，在文件管理器中的文档标签上或工作窗口中的文档标签上单击右键，从弹出的快捷菜单中选择【Close】命令关闭设计文档。

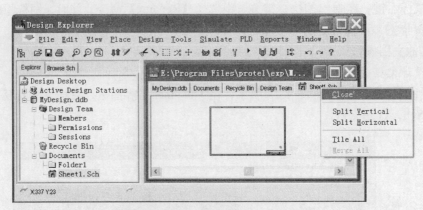

图 1.25　通过文档标签关闭设计文档

（3）设计文档的删除

删除文档必须在关闭该文档的状态下进行。关闭文档后，如下方法可以进行文档的删除。

① 在文件管理器中，可直接拖动文档图标到 Recycle Bin（回收站），将文档放入回收站。

② 在 Documents 工作窗口中选中想要删除的文件，选择菜单命令【Edit|Delete】；或直接使用键盘上的【Delete】键；或者如图 1.26 所示，单击鼠标右键，在弹出的快捷菜单中选择【Delete】命令，然后在如图 1.27 所示的弹出对话框中单击【Yes】按钮进行确认，将文档 Sheet1.Sch 放入回收站。

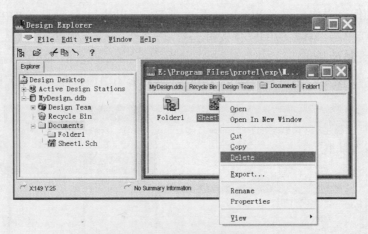

图 1.26　设计文档的删除

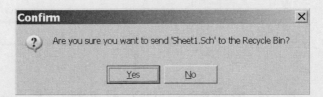

图 1.27　文档删除确认对话框

要点提示：选中需要删除的文件，按【Shift+Del】组合键则不将文件放入 Recycle Bin，而是彻底将文件删除。

③ 设计文档的恢复与彻底删除。删除后的文件存放在 Recycle Bin（回收站）中，这些文件可以被恢复或彻底删除。如图 1.28 所示，打开 Recycle Bin 文件夹，在工作窗口中选中文件 Sheet1.Sch，单击鼠标右键，在弹出的菜单中选择【Restore】命令，则文件 Sheet1.Sch 被恢复到原来位置。如选择执行【Delete】命令，则文件 Sheet1.Sch 将被永久删除。

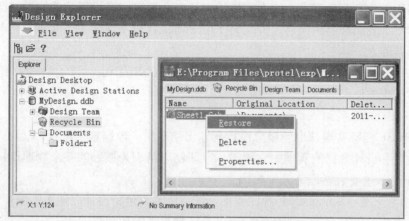

图 1.28　文档的恢复与彻底删除

④ 清空回收站。在工作窗口打开回收站 Recycle Bin，在空白处单击鼠标右键，选择【Empty Recycle Bin】命令，即可删除回收站中的所有内容。

（4）设计数据库文件的关闭

① 第一种方法：执行菜单命令【File|Close Design】，即可关闭当前打开的设计数据库文件，如图 1.29（a）所示。

② 第二种方法：在工作窗口的设计数据库文件名标签上单击鼠标右键，在弹出的快捷菜单中选择【Close】命令，如图 1.29（b）所示。

（a）　　　　　　　　　　　　　　（b）

图 1.29　关闭设计数据库文件

【相关知识】

1. Protel 99 SE 软件介绍

（1）Protel 99 SE 软件简介

Protel 99 是澳大利亚 Altium（前身为 Protel 国际有限公司）推出的基于 Windows 平台

13

基于项目驱动的 Protel 99 SE 设计教程

下的 EDA（Electronic Design Automation，电子辅助设计软件）。Protel 99 以其优异的性能奠定了 Altium 公司在电子设计行业的领先地位。Protel 99 集成了一系列的电路设计工具，提供了在电路设计时从概念到成品过程中所需要的一切——输入原理图设计、建立可编程逻辑器件、直接进行电路混合信号仿真，进行 PCB 设计和布线并维护电气连接和布线规则、检查信号完整性、生成一整套加工文件等。掌握 Protel 99 的使用方法，设计者可以完成从电路原理图设计到最终电路板输出的所有工作。Protel 是电子设计者的首选软件，它很早就在国内被使用，普及率也很高，许多高校的电子专业都专门开设了相关的学习课程，而且几乎所有的电子公司都要用到它，因此会使用 Protel 也成了许多大公司在招聘电子设计人才时的必要条件之一。

Protel 99 SE 是 Protel 99 的增强版本，具有更强大的功能和良好的操作性，给设计者的工作带来了更大的便利。

（2）Protel 99 SE 的组成

Protel 99 SE 能够实现从电学概念设计到输出物理生产数据这一过程，以及这之间的所有分析、验证和设计数据的管理，它覆盖了以印制电路板为核心的整个物理设计。

Protel 99 SE 主要包括以下几个模块。

- 电路原理图（Schematic）设计模块：该模块主要包括设计原理图的原理图编辑器，用于修改、生成元件符号的元件库编辑器以及各种报表的生成器。
- 印制电路板（PCB）设计模块：该模块主要包括用于设计电路板图的 PCB 编辑器，用于 PCB 自动布线的 Route 模块，用于修改、生成元件封装的元件封装库编辑器以及各种报表的生成器。
- 可编程逻辑器件（PLD）设计模块：该模块主要包括具有语法意识的文本编辑器、用于编译和仿真设计结果的 PLD 模块。
- 电路仿真（Simulate）模块：该模块主要包括一个能力强大的数/模混合信号电路仿真器，能提供连续的模拟信号和离散的数字信号仿真。

（3）Protel 99 SE 的特点

① 电路原理图（Schematic）设计模块的特点

电路原理图设计模块包括电路图编辑器、电路图元件库编辑器和各种文本编辑器。电路原理图设计模块为用户提供了智能化的高速原理图编辑方法，能够准确地生成原理图设计输出，具有自动化的连线工具，同时具有强大的电气规则检查（ERC）功能。其主要特点归纳如下。

- 模块化的原理图设计

Protel 99 SE 支持模块化设计，并可以采用自上而下或自下而上的模块化设计方法。用户可以将要设计的系统按功能划分为多个功能模块，从而实现分层设计。设计时可以先明确各个子系统或模块之间的关系，然后再分别对每个功能模块进行具体的电路设计，也可以先进行功能模块的设计，最后再根据它们之间的相互关系组装到一起，形成一个完整的系统。Protel 99 SE 没有限制一个设计的层次数和原理图张数，为用户提供了更为灵活方便的设计环境，使用户在遇到复杂系统设计的时候仍能够轻松把握设计，让设计变得游刃有余。

- 强大的原理图编辑功能

在原理图编辑器中，Protel 99 SE 采用了标准的图形化编辑方式，用户能够非常直观地控制整个编辑过程。在进行原理图编辑时，用户可以实现 Windows 的一些普通编辑操作，如复制、剪切、粘贴等，可以实现多层次的撤销/重复功能。为了使得布线更为方便，编辑器的电气栅格特性提供了自动连接功能。

在编辑对象属性时，编辑器中提供了交互式的编辑方法，用户只需要在所需编辑的对象上双击鼠标左键，即可打开对象属性对话框，直接对其进行修改，非常直观、方便。为了方便复杂电路的设计，Protel 99 SE 还提供了全局编辑功能，能够对多个类似对象同时进行修改，可以通过设置多种匹配条件选择需要进行编辑的对象和希望进行的修改操作。

另外，Protel 99 SE 还提供了快捷键功能，用户可以使用系统默认的快捷键设置，也可以自定义快捷键，熟练使用一些快捷键能够让设计工作更加得心应手。

- 功能强大的电气检测功能

Protel 99 SE 提供了强大的电气规则检查功能（ERC），能够迅速地对大型复杂电路进行电气检查，提高电路设计的效率，避免一些不必要的麻烦。电路原理图设计完成时，在进行 PCB 设计之前，可以通过 ERC 检查所设计的电路是否有电气连接上的错误。用户可以通过设置忽略电气检查点以及修改电气检查规则等操作对 ERC 过程进行控制，检查结果会直接标注在原理图上，方便用户进行修改。

- 完善的库元件编辑和管理功能

Protel 99 SE 提供了完善的库元件编辑和管理功能。首先原理图编辑器提供了众多元件库，一些著名厂商如 AMD、Intel、Motorola 等的常用器件都能够在这里找到定义。另外，Protel 99 SE 还提供了元件库编辑器，当用户在元件库中没有找到自己所需的元件定义时，则可以使用元件库编辑器自行创建。

- 同步设计功能

Protel 99 SE 完善了原理图和 PCB 之间的同步设计功能，使得原理图和 PCB 之间的变换更为容易。元件标号可双向注释，既可以从原理图将修正信息传递到 PCB 中，也可以从 PCB 中将修正信息传递到原理图中，从而保证了原理图和 PCB 之间的一致性。

② 印制电路板（PCB）设计模块的特点

电路设计的最终目的是设计出一个高质量的可加工的 PCB，PCB 是电子产品的基础。用户在选用 EDA 软件时最关心的往往是 PCB 设计系统的功能，而 Protel 99 SE 在 PCB 设计方面具有突出的表现。

- 具有 32 位高精度设计系统

Protel 99 SE 的 PCB 设计模块是一个 32 位的 EDA 设计系统，系统分辨率可达 0.0005 mil（毫英寸，1 mil=0.0254 mm），线宽范围为 0.001～10000 mil，字符串高度范围为 0.012～1000 mil。能够设计的工作层数达 32 个，最大板图的大小为 2540 mm×2540 mm，可以旋转的最小角度达到 0.001°，能够管理的元件、网络以及连接的数目受限于实际的物理内存，而且还能提供各种形状的焊盘。

- 丰富而灵活的编辑功能

在 PCB 编辑器中，Protel 99 SE 也提供了与原理图设计组件相似的丰富而灵活的编辑功能，用户可以很容易地实现元件的选取、移动、复制、粘贴、删除等操作。通过交互式的编辑方法，用户能够直接通过双击鼠标左键打开对象属性对话框进行修改。PCB 编辑器也提供了全局属性修改，方便了用户操作。

- 功能完善的元件封装和管理器

常见的 PCB 元件封装都定义在 Protel 99 SE 的库文件中，用户可以通过加载这些库文件方便地使用。同时，当需要创建一个新的 PCB 元件封装定义时，Protel 99 SE 也具备了完善的库元件管理功能，用户可以通过多种方式方便快捷地创建一个新的元件封装定义。

- 强大的布线功能

Protel 99 SE 提供了强大的布线功能，包括手动和自动布线。首先 Protel 99 SE 有一些极好的手动布线特性，包括绕障碍方式，能够自动地弯折线，并与设计规则完全一致，结合拖拉线时自动抓取实体电气网格特性和预测放线特性，能够在很理想的网格上有效地布出带有混合元件技术的复杂板。其回路清除功能能够自动删除多余连线，具有智能推挤布线功能，同时还提供了多种放线方式，可以通过【Shift+Space】组合键很方便地进行切换。

此外，Protel 99 SE 还提供了功能强大的自动布线功能，能够实现设计的自动化。Protel 99 SE 采用了拆线重组的多层迷宫布线算法，可以同时处理全部信号层的自动布线，并不断进行优化。通过提供丰富的设计规则，可以实现高质量的自动布线，减少布通后的手动修改。另外，Protel 99 SE 还支持基于形状的布线算法，可以实现高难度、高精度的 PCB 自动布线。合理使用 Protel 99 SE 提供的自动布线功能，能够大大提高 PCB 设计的效率，极大地减轻用户的设计工作量。

- 完备的设计规则检查（DRC）功能

Protel 99 SE 支持在线 DRC 和批量 DRC。通过设置选项打开在线 DRC，在设计过程中系统会自动提示在布局、布线、线宽、孔径大小等方面出现的违规设计错误，并以高亮显示，方便用户发现和修改。

③ 可编程逻辑器件（PLD）设计模块的特点

使用 Protel 99 SE 中提供的 SCH-to-PLD 符号库，更容易实现可编程逻辑器件的设计。设计时从 PLD 符号库中使用组件，再从唯一的器件库中选择目标器件，进行编译将原理图转换成 CPU.PLD 文件后，即可编译生成下载文件。此外，用户还可以使用 Protel 99 SE 文本编辑器中易掌握而且功能强大的 CPUL 硬件描述语言（VHDL）直接编写 PLD 描述文件，然后选择目标器件进行编译。

④ 电路仿真（Simulate）模块的特点

Protel 99 SE 提供了性能优越的混合信号电路仿真引擎，全面支持含有模拟和数字元件的混合电路设计。电路仿真模块提供了大量的仿真用元件，每个都链接标准的 SPICE 模型。在进行信号仿真时的操作十分简单，只需要选择所需元件，连接好原理图，加上激励源即可进行仿真。

2. 设计数据库文档管理界面

新建一个设计数据库文件后，出现如图 1.30 所示的文档管理界面，Protel 99 SE 的界面布局是由标题栏、菜单栏、工具栏、文件管理器、工作区以及状态栏等组成。

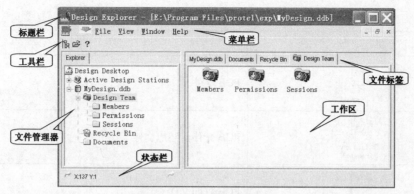

图 1.30　文档管理界面

在文件管理器中可以看到，与设计数据库同时被创建的还有 3 个文件夹：Design Team（设计组）、Recycle Bin（回收站）和 Documents（文档）。

（1）Design Team

Protel 99 SE 允许多个设计者同时安全地在相同的设计图上进行工作，Design Team 用来管理多用户使用同一个设计数据库。应用 Design Team 可以设定设计小组成员，能够管理每个成员的使用权限。拥有权限的成员还可以看到所有正在使用设计数据库的成员的使用信息。

① Members：能够访问该设计数据库文件的成员列表。

② Permissions：各个成员的访问权限列表。

③ Sessions：处于打开状态的文档或文件夹窗口的名称列表。

（2）Recycle Bin

Recycle Bin 相当于 Windows 中的回收站，所有在设计数据库中删除的文件，均保存在回收站中，可以找回由于误操作而删除的文件。

（3）Documents

相当于一个数据库中的文件夹，原理图（Schematic）文件、印制电路板（PCB）文件、各种报表（Report）文件和仿真分析（Simulation Analysises）文件等设计文档都会保存在这个文件夹中。用户还可以在 Documents 文件夹下创建一些功能文件夹，用于存放具有特定功能的模块文档。

3. 文件类型

表 1.1 中列出了 Protel 99 SE 可以创建的 10 种不同类型的设计文档。

表 1.1　　　　　　　　　　　　　　　　　文档类型

类　　型	功　　能
CAM output configura...	生成 CAM 制造输出配置文件
Document Folder	文件夹

续表

类　　型	功　　能
PCB Document	PCB 文件
PCB Library Document	PCB 元件封装库文件
PCB Printer	PCB 打印文件
Schematic Document	原理图文件
Schematic Librar...	原理图元件库文件
Spread Sheet Document	表格文件
Text Document	文本文件
Waveform Document	波形文件

【练一练】

① 在"【操作步骤】2. 设置系统参数"中，通过 Change System Font 将字体修改为大一些的字体号，保存设置后，重新单击菜单栏旁的 ➡ 按钮，在菜单选项中选择【Preferences】命令，观察修改后的效果，然后再将字体重新改回合适的字体号。

② 按以下步骤和要求操作。

a. 创建一个以自己的名字命名的设计数据库文件，并在创建时设定密码，然后关闭该设计数据库文件。

b. 重新打开该设计数据库文件。

c. 在 Document 文件夹中创建一个原理图文件和一个 PCB 文件。

d. 删除原理图文件和 PCB 文件，然后恢复原理图文件，而将 PCB 文件彻底删除。

e. 增加 2 个新成员 Member1 和 Member2，然后再删除成员 Member2。

f. 设置成员 Member1 的工作权限，使得 Member1 可以浏览、创建和修改文件，但不能删除文件。

g. 关闭设计数据库文件，并重新打开，以成员 Member1 的身份登录，尝试能否删除原理图文件。

项目二　原理图设计基础

【项目内容】

进入原理图设计环境，了解原理图编辑器界面的管理、图纸参数的设置、工作区参数的设置。

【项目目标】

（1）熟悉原理图编辑界面的布局。

（2）掌握原理图编辑器界面的管理方法。

（3）掌握图纸参数的设置方法。

（4）了解工作区参数的设置方法。

【操作步骤】

1．启动原理图编辑器

（1）打开设计数据库文件

如图 2.1 所示，查找 Protel 文件安装目录中的 Examples 子目录，打开该目录中 Protel 自带的设计数据库文件 LCD Controller.ddb，进入原理图编辑编辑环境。

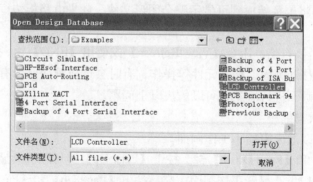

图 2.1　查找并打开文件 LCD Controller

（2）进入原理图编辑器环境

如图 2.2 所示，单击其中的一个原理图文件 NTSC Encoder.sch，即可打开该原理图文件并进入原理图编辑器环境。

2．原理图编辑器界面的管理

原理图编辑器界面的管理包括画面的显示、窗口管理、工具栏和状态栏的打开与关闭操作等。下面利用上述打开的原理图文件 NTSC Encoder.sch，介绍原理图编辑器界面管理的有关操作。

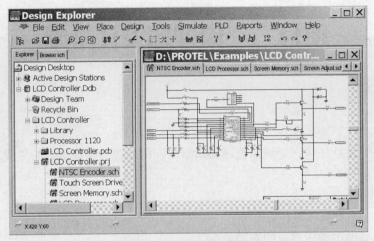

图 2.2　原理图编辑器环境

（1）画面显示

设计者在进行原理图设计的过程中，往往需要对工作画面进行放大、缩小、刷新和局部显示等操作，以方便设计者编辑、调整等工作。画面的显示可以采用菜单【View】的有关命令，或快捷键或工具栏上的按钮来实现。

① 将屏幕缩放显示整个电路板及刷新画面

a．将屏幕缩放到显示整个电路板：执行菜单命令【View|Fit All Objects】，将屏幕缩放到显示整个电路板，但不显示电路板边框外的图形。

b．将屏幕缩放到可显示整个图形文件：执行菜单命令【View|Fit Document】或单击主工具栏的 按钮，将屏幕缩放到可显示整个图形文件，如果电路板边框外有图形，也同时显示出来。

c．刷新画面：执行菜单命令【View|Refresh】或使用【END】键，观察显示结果。在设计过程中，由于移动画面，拖动元件等操作，有时会造成画面显示有残留的斑点或图形变形问题，通过对画面进行刷新，可以解决以上问题。

② 画面的放大与缩小

有多种方法可以放大或缩小工作画面。

a．【Page Up】和【Page Down】键。按下【Page Up】键可以放大显示工作画面；按下【Page Down】键可以缩小显示工作画面。交替按下【Page Up】和【Page Down】键，观察显示结果。

b．主工具栏 和 按钮。单击主工具栏 按钮，放大显示工作画面；单击主工具栏 按钮，缩小显示工作画面。交替单击主工具栏 和 按钮，观察显示结果。

c．菜单命令【View|Zoom In】和【View|Zoom Out】。执行菜单命令【View|Zoom In】可以放大工作画面；执行菜单命令【View|Zoom Out】可以缩小工作画面。交替菜单命令【View|Zoom In】和【View|Zoom Out】，观察显示结果。

d．菜单命令【View|Zoom Last】。该命令可使画面恢复至上次显示效果。单击主工具

栏 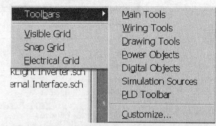 按钮，放大显示工作画面，然后再执行菜单命令【View|Zoom Last】，观察显示结果。

③ 放大选定工作区域

a．区域放大：执行菜单命令【View|Area】，光标变成十字形状出现于工作区内，将光标移到图纸要放大的区域，单击鼠标左键，确定放大区域的起点，再移动光标拖出一个矩形虚线框为选定放大的区域，单击鼠标左键确定放大区域对角线的终点，将虚线框内的区域放大。

b．中心区域放大：执行菜单命令【View|Around Point】，光标变为十字形，移到需放大的位置，单击鼠标左键，确定要放大区域的中心，移动光标拖出一个矩形区域后，单击鼠标左键确认，将所选区域放大。

（2）原理图的工具栏、状态栏、文件管理器的打开与关闭

原理图编辑器提供文件管理器和各种工具栏。在实际工作过程中我们往往要根据需要将这些工具栏打开或者关闭，常用工具栏、状态栏、文件管理器的打开和关闭方法与原理图设计系统基本相同。

① 工具栏的打开与关闭

a．执行菜单命令【View|Toolbars】，弹出一个子菜单，如图 2.3 所示。在子菜单中选择相应工具栏名称即可打开或关闭该工具栏。

b．对于绘图工具栏和布线工具栏，也可以通过单击主工具栏上的图标和进行显示和关闭。图 2.4 所示为打开部分工具栏的视图。

图 2.3 【View|Toolbars】弹出的子菜单

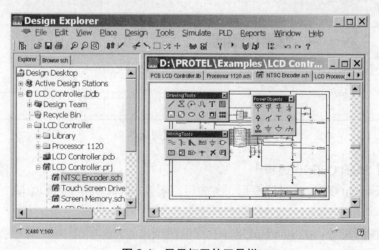

图 2.4 显示打开的工具栏

② 状态栏与命令栏的打开与关闭

a．执行菜单命令【View|Status Bar】，可打开或关闭状态栏。

b．执行菜单命令【View|Command Status】，可打开或关闭命令栏。

③ 原理图文件管理器的打开与关闭

a．如图 2.4 所示，单击标签 Explorer 或 Browse sch，可以在文件管理器和原理图元件

管理器之间切换。

b．单击主工具栏的快捷图标▣或执行菜单命令【View|Design Manager】可以显示或关闭文件管理器。

3．设置图纸参数

在进入原理图设计之前，首先要根据实际电路的大小来选择合适的设计图纸，确定各种参数。图纸设置主要是在 Document Options 对话框中进行。

（1）进入 Document Options 对话框

为了避免不适当的操作修改设计数据库文件 LCD Controller.ddb，首先应关闭该文件，然后再新建一个设计数据库文件，在其中新建一个原理图文件并将其打开，为以下的操作做准备。

执行菜单命令【Design|Options】，系统弹出 Document Options 对话框，如图 2.5 所示。

要点提示： 在工作区中双击图纸边框以及边框以外的区域也可以打开该窗口。

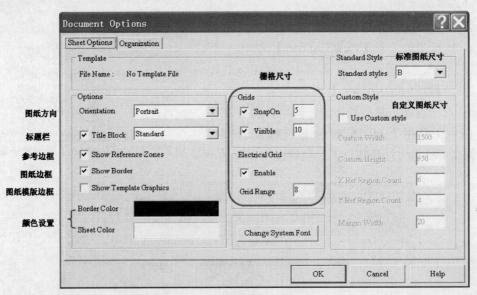

图 2.5　图纸设置对话框

（2）设置 Sheet Options 选项卡

进入 Document Options 对话框后，首先可以看到 Sheet Options 选项卡，下面设置该选项卡。

① 设置图纸尺寸：在 Standard Style（标准图纸尺寸）选项组中的下拉列表中可以选择 Protel 99 SE 提供的标准图纸样式。

② 自定义图纸尺寸：在 Custom styles（自定义图纸尺寸）选项组中，选中 Use Custom styles 可以自定义图纸尺寸。Use Custom styles 中各选项的内容说明如图 2.6 所示。

要点提示： 图纸尺寸的单位是 mil，1 mil = 1/1000 英寸=0.0254 mm。

③ 设置图纸方向：在 Options 选项组中的 Orientation 下拉列表框中可以设置图纸方向，有两个选项，分别是 Landscape（水平放置）和 Portrait（垂直放置），如图 2.7 所示。

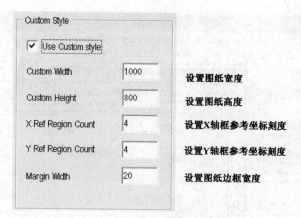

图 2.6 自定义图纸尺寸

④ 设置标题栏：选中 Options 选项组中的 Title Block 复选框，可以设置标题栏。在 Title Block 下拉列表中，提供了两个选择：Standard（标准型模式）和 ANSI（美国国家标准协会模式），如图 2.8 所示。其中，Standard 形式的标题栏如图 2.9 所示，ANSI 形式的标题栏如图 2.10 所示。也可以不选择 Title Block 复选框，取消标题栏，效果如图 2.11 所示。

图 2.7 设置图纸尺寸 　　　　　　　　　图 2.8 设置标题栏

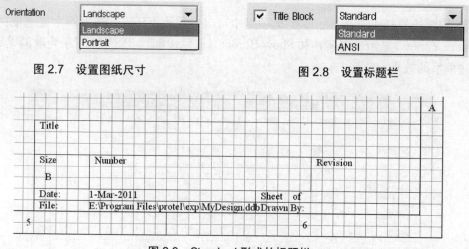

图 2.9 Standard 形式的标题栏

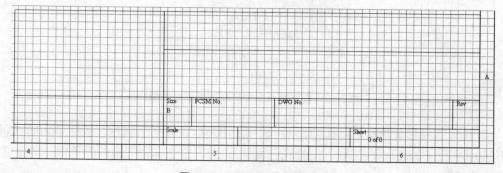

图 2.10 ANSI 形式的标题栏

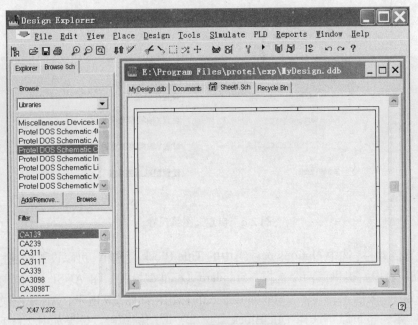

图 2.11　取消标题栏的图纸

⑤ 设置边框样式：在 Options 选项组中可以设置边框样式，包括两个复选框：Show Reference Zones（显示参考区）和 Show Border（显示边框），图 2.12 所示为取消显示参考区和边框后的效果。

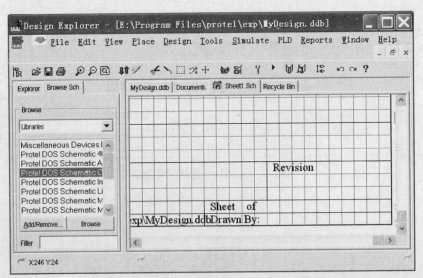

图 2.12　取消显示参考区和边框后的效果

⑥ 设置边框和背景颜色：在 Options 选项组中可以设置图纸颜色，包括 Border Color（图纸边框颜色）和 Sheet Color（图纸底色设置）。单击以上标题旁边的颜色框，即可进行相应内容的颜色设置。

⑦ 设置栅格尺寸：栅格尺寸区域中可以设置图纸的栅格尺寸，栅格分为 Grids（图纸

栅格）和 Electrical Grid（电气栅格），如图 2.13 所示。

要点提示： 栅格尺寸区域中有 Grids（图纸栅格）和 Electrical Grid（电气栅格），其含义说明分别如下。

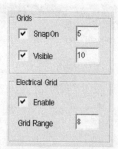

图 2.13 栅格设置

- Snap On：捕捉栅格，即在布线、对元件进行放置或移动等操作时捕捉栅格。选中此项，表示在布线、对元件进行放置或移动等操作时，光标的移动以 Snap On 右边的设置值为步长单位。

- Visible：可视栅格，屏幕上实际显示的栅格距离。选中此项表示栅格可见，栅格的尺寸为 Visible 右边的设置值。

- Electrical Grid：电气栅格，用来设置是否有自动寻找电气节点功能。选中此项，并在 Grid Range 中输入一个有效值（如"8"），则系统会在画导线时以设定值 8 为半径，以当前光标为中心，向四周搜索电气节点。如果找到最近的节点，就会把十字光标移到该节点上，并在该节点上显示出一个圆点。

⑧ 设置对象的系统显示字体：单击【Change System Font】按钮，系统弹出"字体"对话框，如图 2.14 所示，设置完毕单击【确定】按钮。

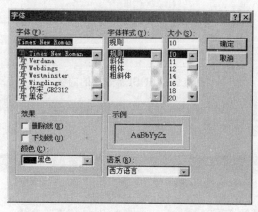

图 2.14 "字体"对话框

要点提示： 这里的对象指的是元件引脚号和电源符号等对象的字体，电路图中的其他对象的字体可以在该对象的属性对话框中设置。

（3）设置 Organization 选项卡（文件信息选项卡）

单击 Document Options 对话框顶部标签 Organization，出现如图 2.15 所示的 Organization 选项卡对话框。Organization 选项卡主要用来设置电路原理图的文件信息，为设计的电路建立档案。

① 按图 2.15 所示设置好对话框，单击【OK】按钮。

② 执行菜单命令【Design|Options】，重新打开 Document Options 对话框，选择 Sheet Options 选项卡，如图 2.16 所示，选择 ANSI 形式的标题栏，然后单击【OK】按钮，则 Organization 选项卡中的内容自动出现在标题栏中，如图 2.17 所示。

4. 设置工作区参数

在此，通过改变工作区的栅格式样和颜色来了解工作区的参数设置操作。

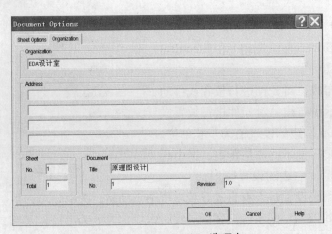

图 2.15　Organization 选项卡

图 2.16　选择 ANSI 形式的标题栏

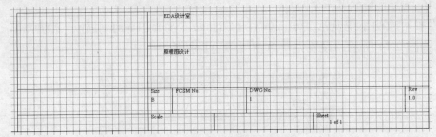

图 2.17　ANSI 标题栏的内容

（1）执行菜单命令【Tools|Preferences】打开 Preferences 对话框，单击 Graphical Editing 标签打开该选项卡，如图 2.18 所示。

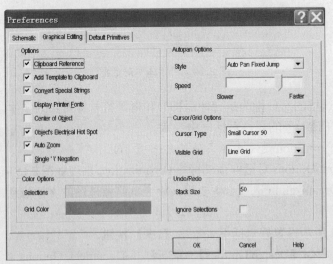

图 2.18　设置 Graphical Editing 选项卡

（2）将 Cursor/Grid Options 选项组中的 Visible Grid 设置为 Dot Grid（点格），单击【OK】按钮。

（3）放大图纸，观察图纸栅格。

（4）重新将图纸栅格改回 Line Grid（线格）。

（5）设置 Color Option 选项组中的 Grid Color 选项，修改栅格显示的颜色，观察结果。

【相关知识】

1. 原理图编辑器界面介绍

如图 2.19 所示，原理图编辑器界面主要由主菜单栏、主工具栏、状态栏、命令栏、文件管理器、原理图元件管理器和原理图编辑区等组成，下面介绍原理图编辑器界面的主要部分。

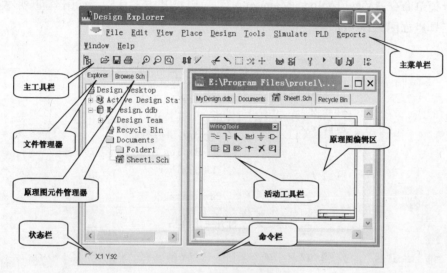

图 2.19　原理图编辑界面

（1）主菜单栏

主菜单栏提供了原理图编辑操作的各种命令，共有 11 个主菜单项，如图 2.20 所示。各菜单命令的功能如下。

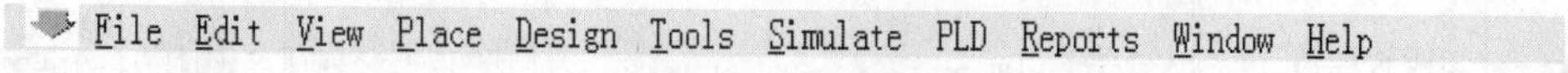

File　Edit　View　Place　Design　Tools　Simulate　PLD　Reports　Window　Help

图 2.20　主菜单栏

① File：文件菜单，完成文件方面的操作，如新建、打开、关闭、打印文件等功能。

② Edit：编辑菜单，完成编辑方面的操作，如拷贝、剪切、粘贴、选择、移动、拖动、查找替换等功能。

③ View：视图菜单，完成显示方面的操作。如编辑窗口的放大与缩小、工具栏的显示与关闭、状态栏和命令栏的显示与关闭等功能。

④ Place：放置菜单，完成在原理图编辑器窗口放置各种对象的操作，如放置元件、电源接地符号、绘制导线等功能。

⑤ Design：设计菜单，完成元件库管理、网络表生成、电路图设置、层次原理图设计等操作。

⑥ Tools：工具菜单，完成 ERC 检查、元件编号、原理图编辑器环境和默认设置的操作。

⑦ Simulate：仿真菜单，完成与模拟仿真有关的操作。

⑧ PLD：如果电路中使用了 PLD 元件，可实现 PLD 方面的功能。

⑨ Reports：完成产生原理图各种报表的操作，如元器件清单、网络比较报表、项目层次表等。

⑩ Window：完成窗口管理的各种操作。

⑪ Help：帮助菜单。

（2）主工具栏

执行菜单命令【View|Toolbars|Main Tools】可以打开主工具栏，如图 2.21 所示。打开后的主工具栏如图 2.22 所示。

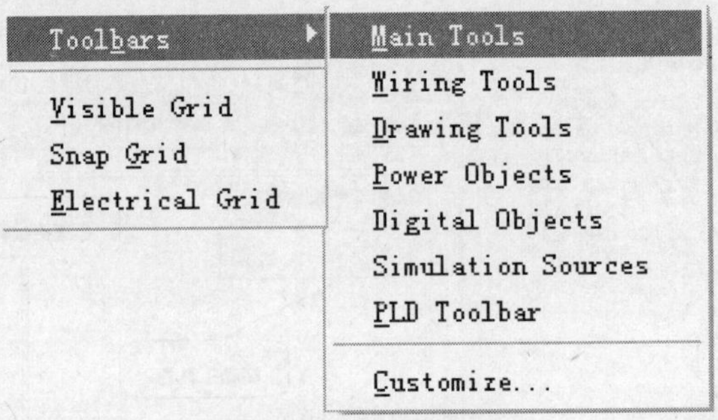

图 2.21　打开主工具栏

图 2.22　主工具栏

如表 2.1 所示，主工具栏提供了一些最常用命令的快捷图标，如文件的打开、保存、图件的剪切、粘贴以及操作的撤销与恢复等。

表 2.1　　　　　　　　　　　　　　主工具栏按钮功能表

	文件管理器		显示整个工作面		解除选取状态		修改元件库设置
	打开文件		主图、子图切换		移动被选图件		浏览元件库
	保存文件		设置测试点		绘图工具		修改同一元件的某功能单元
	打印设置		剪切		绘制电路工具		撤销操作
	放大显示		粘贴		仿真设置		重复操作
	缩小显示		选取框选区的图件		电路仿真操作		打开帮助文件

（3）活动工具栏

① Wiring Tools（布线工具栏）

Wiring Tools 工具栏提供了原理图中电气对象的放置命令，如图 2.23 所示。

② Drawing Tools（绘图工具栏）

Drawing Tools 工具栏提供了绘制原理图所需要的各种图形，如直线、曲线、多边形、文本等，如图 2.24 所示。

图 2.23　布线工具栏

图 2.24　绘图工具栏

　要点提示：Wiring Tools 工具栏和 Drawing Tools 工具栏都可以绘线，Wiring Tools 工具栏绘制的是导线，具有电气性能，而 Drawing Tools 工具栏绘制的是普通线，没有电气性能。

③ Power Objects（电源对象工具栏）

Power Objects 工具栏提供了一些在绘制电路原理图中常用的电源和接地符号，如图 2.25 所示。

④ Digital Objects（数字对象工具栏）

Digital Objects 工具栏提供了一些常用的数字器件，如图 2.26 所示，提供了 20 中电阻、电容、与非门等数字器件，并且在工具栏中的按钮上标明了器件的标称值或功能。

图 2.25　电源对象工具栏

图 2.26　数字对象工具栏

⑤ Simulation Sources（仿真信号源工具栏）

Simulation Sources 工具栏提供了各种各样的模拟信号源，如图 2.27 所示。

⑥ PldTools（可编程设计工具栏）

PldTools 工具栏可以在原理图中支持可编程设计，如图 2.28 所示。

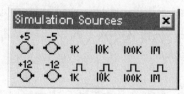

图 2.27　仿真信号源工具栏

图 2.28　可编程设计工具栏

（4）Browse Sch 工具（原理图元件管理器）

Browse Sch 工具是功能非常强大的一个集成工具箱，用于添加和编辑原理图元件库，并可以将库中的元件放置到原理图编辑区中。在 Browse Sch 中还可以分类查看电路原理图中的图件。如图 2.29 所示，Browse Sch 工具可以分为元件库选择区、元件过滤选项区、元件浏览区和元件预览区。

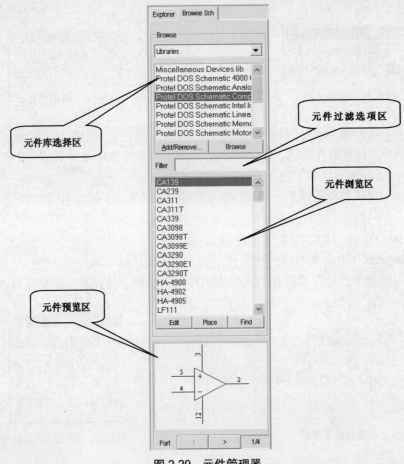

图 2.29　元件管理器

若在元件库选择区选择一个元件库，则在元件浏览区中会显示所选元件库中的所有元件，在元件预览区会有相应的元件预览图形，而在元件过滤选项区可以设置筛选条件，使得在元件预览区只显示符合筛选条件的元件。通过元件库选择区下面的按钮【Add/Remove Library】可以加载或卸载元件库，【Browse】按钮可以浏览元件库，通过元件浏览区下面的按钮【Edit】可以打开元件库编辑器编辑所选元件，按钮【Place】可以在绘图区放置所选元件，而按钮【Find】则可以查找元件。

2. 图纸尺寸

在图 2.5 所示的 Standard Style（标准图纸尺寸）选项组中的下拉列表中可以选择 Protel 99 SE 提供的标准图纸样式，其具体尺寸如表 2.2 所示。

表 2.2	Protel 99 SE 提供的标准图纸尺寸	
尺　寸	宽度×高度（in）	宽度×高度（mm）
A	11.00 × 8.50	279.42 × 215.90
B	17.00 × 11.00	431.80 × 279.40
C	22.00 × 17.00	558.80 × 431.80
D	34.00 × 22.00	863.60 × 558.80
E	44.00 × 34.00	1078.00 × 863.60
A4	11.69 × 8.27	297 × 210
A3	16.54 × 11.69	420 × 297
A2	23.39 × 16.54	594 × 420
A1	33.07 × 23.39	840 × 594
A0	46.80 × 33.07	1188 × 840
ORCAD A	9.90 × 7.90	251.15 × 200.66
ORCAD B	15.40 × 9.90	391.16 × 251.15
ORCAD C	20.60 × 15.60	523.24 × 396.24
ORCAD D	32.60 × 20.60	828.04 × 523.24
ORCAD E	42.80 × 32.80	1087.12 × 833.12
Letter	11.00 × 8.50	279.4 × 215.9
Legal	14.00 × 8.50	355.6 × 215.9
Tabloid	17.00 × 11.00	431.8 × 279.4

3. 工作区参数设置简介

在进入原理图编辑器后，执行菜单命令【Tools|Preferences】打开如图 2.30 所示的 Preferences 对话框，可以设置工作区的各种参数。

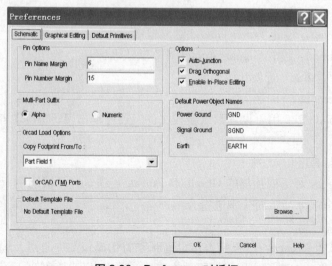

图 2.30　Prefernces 对话框

（1）Schematic 选项卡

打开 Preferences 对话框后，首先可以看到 Schematic 选项卡（见图 2.30），该选项卡用来设置原理图设计中的放置节点和模板管理以及导入其他原理图的约定，它可以分为 6 个部分，下面分别进行介绍。

① Pin Options 选项组

- Pin Name Margin：设置元件引脚名与元件边缘的间距，单位为 10 mil，默认值为 6。

- Pin Number Margin：设置元件引脚号与芯片外框的间距，单位为 10 mil，默认值为 15。

② Multi-Part Suffix 选项组

有些元件包含多个相同的单元电路，每个单元电路称为一个部件（Part）。例如，集成电路芯片 74LS00 包含 4 个 2 输入与非门，即在一个芯片上集成了 4 个 2 输入与非门，每一个与非门都是一个部件，Multi-Part Suffix 选项组就是设置在连续放置同一个元件的多个部件时每个部件的下标递增方式。

- Alpha：下标按字母方式递增。

- Numeric：下标按数字方式递增。

③ Orcad Load Options 选项组

- Copy Footprint From/to：设置引入 OrCAD 电路图时元件封装的定义从哪一部分引入。

- OrCAD（TM）Ports：设置绘制原理图时，手工拉长的 I/O 端口会自动缩短到刚好能够容纳端口名称的长度。

④ Options 选项组

- Auto-Junction：设置是否在导线连接时在 T 形交叉点自动放置节点，表示导线间的电气连接。

- Drag Orthogonal：设置是否在导线走线时只允许水平或垂直移动，否则可以任意方向走线。

- Enable In-Place Editing：设置是否允许在已放置导线处编辑和修改导线。

⑤ Default Power Object Names 选项组

- Power Gound：设置 Power Ground 对象默认名称。

- Signal Ground：设置 Signal Ground 对象默认名称。

- Earth：设置 Earth 对象默认名称。

⑥ Default Template File 选项

Default Template File 用于设置默认模板文件。通过单击【Browse】按钮，可以选择默认模板文件。

（2）Graphical Editing 选项卡

单击 Preferences 对话框顶部的 Graphical Editing 标签，打开该选项卡，如图 2.31 所示。该选项卡分为 5 个部分，下面分别进行介绍。

① Options 选项组

- Clipboard Reference：设置是否指定复制和剪切操作的中心点。选中后在执行 Copy 和 Cut 操作时，系统会需要用户用鼠标再单击某一点作为复制或剪切的参考点，在执行 Paste

命令时会以此点为参考位置进行。若取消选择，则系统默认以执行【Copy】和【Cut】命令时鼠标所在位置为参考点。

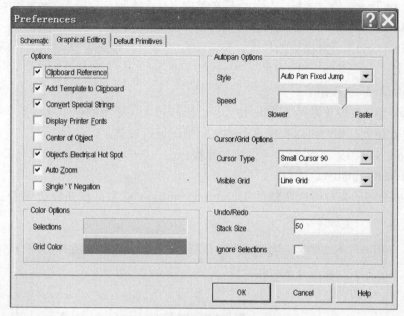

图 2.31　Graphical Editing 选项卡

- Add Template to Clipboard：设置在进行复制和剪切操作时包含图边和和标题栏。
- Convert Special Strings：设置是否转换特殊字符使其可见。
- Display Printer Fonts：设置是否显示打印驱动程序的字体。
- Center of Object：设置在移动元件时光标定位在元件中心还是参考引脚。
- Object's Electrical Hot Spot：设置是否在靠近元件引脚时捕捉电气节点。
- Auto Zoom：设置是否自动调整元件显示比例。
- Single '\' Negation：设置是否启用单 "\" 取反，这一选项主要在进行库文件编辑的时候应用，在设计元件定义时有时需要给元件引脚名称添加上画线，表示低电平有效，这一操作可以通过在名称中加入 "\" 来直接实现，而不需要用户自己画线。当选中此复选框时，只需要在名称前面加单个 "\" 字符即可实现整个名称添加上画线，否则，需要在每个需要添加上画线的字母后面都添加 "\"。

② Color Options 选项组
- Selections：设置选中对象时选框的颜色，默认为黄色。
- Grid Color：设置栅格显示的颜色，默认为灰色。

③ Autopan Options 选项组
- Style：设置光标自动翻页的式样。自动翻页是指当光标移动到工作区边缘时，图纸会自动向相反的方向移动。在该选项的下拉菜单中包含 3 个选项：Auto Pan Off（禁止自动翻页）、Auto Pan Fixed Jump（自动翻页同时光标不自动跳转）和 Auto Pan ReCenter（翻页后光标跳至工作区中心位置）。

- Speed：设置自动翻页速度。

④ Cursor/Grid Options 选项组

- Cursor Type：设置光标式样。下拉菜单中有 3 个选项，分别为 Large Cursor 90（90°大光标）、Small Cursor 90（90°小光标）和 Large Cursor 45（45°小光标）。

- Visible Grid：设置栅格的样式。有两种方式可选，分别是 Dot Grid（点格）和 Line Grid（线格）。

⑤ Undo/Redo 选项组

- Stack Size：设置撤销/重复堆栈大小，堆栈越大，记录的操作就越多，但是相应的内存消耗也就越大，用户可以根据自己的实际情况进行设置。

- Ignore Selections：设置是否忽略选择操作。

（3）Default Primitives 选项卡

单击 Preferences 对话框顶部的 Default Primitives 标签，打开该选项卡，如图 2.32 所示。

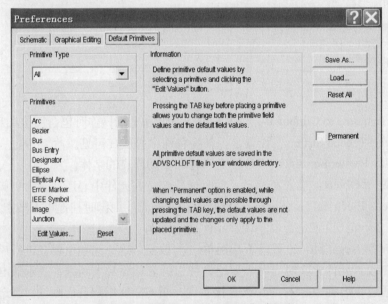

图 2.32 【Default Primitives】选项卡

该选项卡用于设置各种绘图工具的默认参数。例如，可以从 Primitive Type 中选择 Wiring，在 Primitives 列表中就会显示各种布线工具名称，选择 Bus，单击选项组下面的【Edit Values】按钮，就可以打开如图 2.33 所示的属性对话框，可以对 Bus 工具的默认参数进行修改。

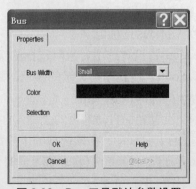

图 2.33 Bus 工具默认参数设置

【练一练】

①　找到 Protel 文件安装目录中的 Examples 子目录，打开该目录中 Protel 自带的设计数据库文件 LCD Controller.ddb，打开其中的一个原理图文件，进入原理图编辑环境并练习原理图编辑器界面管理的有关操作。

②　新建一个原理图文件，图纸版面设置为：A4 图纸、横向放置、标题栏为标准型，光标设置为一次移动半个网格，栅格样式设置为点格。

③　新建一个原理图文件，设置所有边框都不显示，工作区颜色设为 233 号，边框颜色设为 5 号。

④　新建一个原理图文件，标题栏选择 ANSI 模式，设置制图者为"卓越工作室"，标题为"原理图设计"，该原理图为 10 张中的第 1 张。

项目三　基础原理图设计

【项目内容】

图 3.1 所示为一个拔河游戏机整机原理图，完成该原理图的设计。

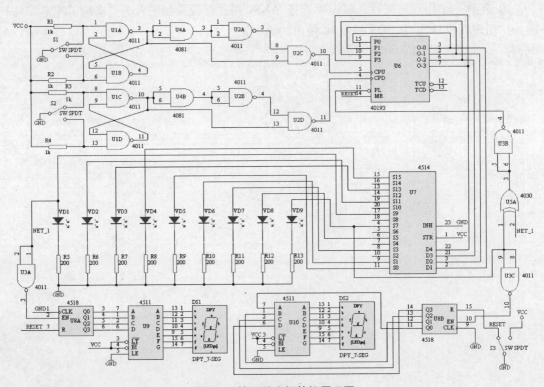

图 3.1　拔河游戏机整机原理图

说明：该拔河游戏机使用 9 个发光二极管组成一排，开机后只有中间一个发光二极管点亮，以此作为拔河的中心线，游戏双方各持一个按键，迅速地、不断地按动产生脉冲，谁按得快，亮点就向谁的方向移动，每按一次，亮点移动一次。当任意一方终端二极管点亮，这一方就得胜，此时双方按键均无作用，输出保持，只有经复位后才使亮点恢复到中心线。

【项目目标】

（1）了解原理图设计的一般流程。

（2）掌握绘制原理图的基本操作。

（3）掌握原理图的电气检查方法。

（4）掌握相关报表文件的生成方法。

【操作步骤】

1．图纸设置

① 创建一个设计数据库文件，然后在该设计数据库文件中创建一个原理图文件。

② 按图 3.2 所示设置好图纸。

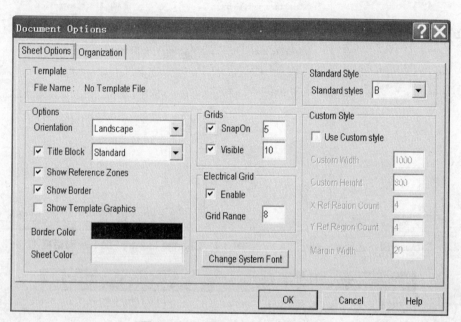

图 3.2　Document Options 对话框

2．加载原理图元件库

Protel 99 SE 原理图的元件符号都分门别类地存放在不同的原理图元件库中。原理图元件库的扩展名是.ddb。.ddb 文件是一个容器，它可以包含一个或几个具体的元件库，这些包含在.ddb 文件中的具体元件库的扩展名是.Lib。要在原理图编辑器中使用元件库，首先要将元件库加载到原理图编辑器中。

① 如图 3.3 所示，选择 Browse Sch 选项卡，在 Browse 下面的下拉列表框中选择 Libraries，单击【Add/Remove】按钮，打开 Change Library File List（加载或移出元件库）对话框，如图 3.4 所示。

② 在如图 3.4 所示的 Change Library File List 对话框中，找到并选择元件库 Miscellaneous Devices.ddb，然后单击【Add】按钮，元件库 Miscellaneous Devices.ddb 进入到列表 Selected Files。用同样的方法选择元件库 Protel DOS Schematic Libraries.ddb，如图 3.5 所示，然后单击【OK】按钮回到原理图编辑器，如图 3.6 所示。

要点提示：在 Change Library File List（加载或移出元件库）对话框中，选中 Selected Files 列表中的元件库，单击【Remove】按钮可以将元件库移出 Selected Files 列表。

图 3.3 Browse Sch 选项卡

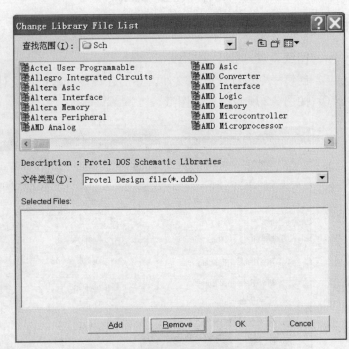

图 3.4 Change Library File List 对话框

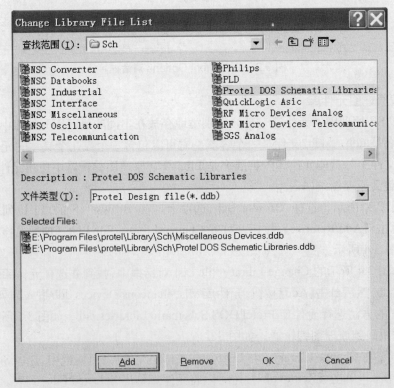

图 3.5 Selected Files 列表显示已选中的元件库

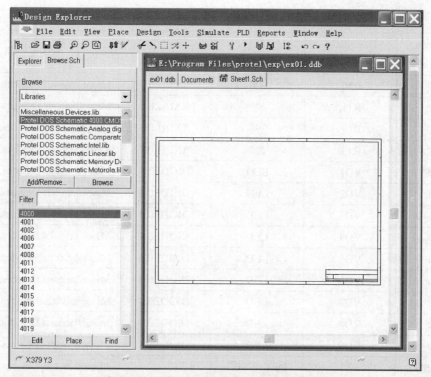

图 3.6 加载了元件库的原理图编辑器界面

3. 放置元件

要点提示： 仔细阅读本项目"【相关知识】 2. 元件查找方法"，熟悉并掌握其内容。

通过采用合适的元件查找方法找到所需元件后，就可以开始放置元件。为了提高效率，可以首先确定元件所在的元件库，并确定元件的相关属性。为此，列出原理图 3.1 所用元件一览表，如表 3.1 所示。从表 3.1 可以看到，在此前的加载原理图元件库的步骤中，已经加载了元件所属的元件库。

表 3.1　　　　　　　　　　　　原理图 3.1 所用元件一览表

Lib Ref 元件名称	Designator 元件标号	Part Type 元件标注	Footprint 封装形式	所属元件库
RES2	R1	1k	AXIAL0.3	Miscellaneous Devices.lib
RES2	R2	1k	AXIAL0.3	Miscellaneous Devices.lib
RES2	R3	1k	AXIAL0.3	Miscellaneous Devices.lib
RES2	R4	1k	AXIAL0.3	Miscellaneous Devices.lib
RES2	R5	200	AXIAL0.3	Miscellaneous Devices.lib
RES2	R6	200	AXIAL0.3	Miscellaneous Devices.lib
RES2	R7	200	AXIAL0.3	Miscellaneous Devices.lib
RES2	R8	200	AXIAL0.3	Miscellaneous Devices.lib
RES2	R9	200	AXIAL0.3	Miscellaneous Devices.lib

Lib Ref 元件名称	Designator 元件标号	Part Type 元件标注	Footprint 封装形式	所属元件库
RES2	R10	200	AXIAL0.3	Miscellaneous Devices.lib
RES2	R11	200	AXIAL0.3	Miscellaneous Devices.lib
RES2	R12	200	AXIAL0.3	Miscellaneous Devices.lib
RES2	R13	200	AXIAL0.3	Miscellaneous Devices.lib
LED	VD1	LED	DIODE0.4	Miscellaneous Devices.lib
LED	VD2	LED	DIODE0.4	Miscellaneous Devices.lib
LED	VD3	LED	DIODE0.4	Miscellaneous Devices.lib
LED	VD4	LED	DIODE0.4	Miscellaneous Devices.lib
LED	VD5	LED	DIODE0.4	Miscellaneous Devices.lib
LED	VD6	LED	DIODE0.4	Miscellaneous Devices.lib
LED	VD7	LED	DIODE0.4	Miscellaneous Devices.lib
LED	VD8	LED	DIODE0.4	Miscellaneous Devices.lib
LED	VD9	LED	DIODE0.4	Miscellaneous Devices.lib
DPY_7-SEG	DS1	DPY_7-SEG		Miscellaneous Devices.lib
DPY_7-SEG	DS2	DPY_7-SEG		Miscellaneous Devices.lib
SW SPDT	S1	SW SPDT	TO-126	Miscellaneous Devices.lib
SW SPDT	S2	SW SPDT	TO-126	Miscellaneous Devices.lib
SW SPDT	S3	SW SPDT	TO-126	Miscellaneous Devices.lib
4011	U1	4011	DIP14	Protel DOS Schematic 4000 CMOS.lib
4011	U2	4011	DIP14	Protel DOS Schematic 4000 CMOS.lib
4011	U3	4011	DIP14	Protel DOS Schematic 4000 CMOS.lib
4081	U4	4081	DIP14	Protel DOS Schematic 4000 CMOS.lib
4030	U5	4030	DIP14	Protel DOS Schematic 4000 CMOS.lib
40193	U6	40193	DIP16	Protel DOS Schematic 4000 CMOS.lib
4514	U7	4514	DIP24	Protel DOS Schematic 4000 CMOS.lib
4518	U8	4518	DIP16	Protel DOS Schematic 4000 CMOS.lib
4511	U9	4511	DIP16	Protel DOS Schematic 4000 CMOS.lib
4511	U10	4511	DIP16	Protel DOS Schematic 4000 CMOS.lib

（1）放置同步递增／递减二进制计数器 40193（U6）

在此使用主菜单命令【Place|Part】（或按两下【P】键）放置元件。

① 按两下【P】键，系统弹出图 3.7 所示 Place Part（放置元件）对话框，按照元件查找方法找到元件 40193，并在对话框中输入元件的各属性后单击【OK】按钮。

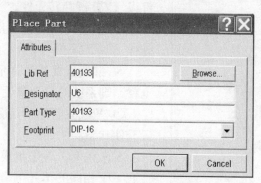

图 3.7　Place Part 对话框

② 此时，光标变成十字形，且元件符号处于浮动状态，随十字光标的移动而移动，如图 3.8 所示。

③ 在元件处于浮动状态时，可按空格键旋转元件的方向、按【X】键使元件水平翻转、按【Y】键使元件垂直翻转。

④ 调整好元件方向后，单击鼠标左键放置元件，如图 3.9 所示。

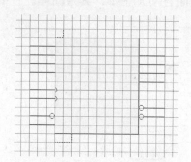

图 3.8　处于浮动状态的元件符号

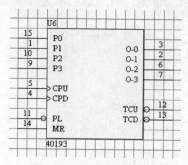

图 3.9　放置好的元件符号

⑤ 系统继续弹出图 3.7 所示 Place Part 对话框，重复上述步骤，放置其他元件，或单击【Cancel】按钮，退出放置状态。

（2）复合元件的放置——放置与非门 4011（U1）

在此使用逐库查找的方法查找元件并进行元件放置。

① 在 Browse Sch 选项卡的元件库选择区选择元件库 Protel DOS Schematic 4000 CMOS.lib，在元件浏览区中选择元件 4011。

② 单击【Place】按钮，则该元件符号附着在十字光标上，处于浮动状态。

③ 此时，可以按【Tab】键显示如图 3.10 所示的元件属性对话框（只要元件符号处于浮动状态时，按【Tab】键都可以显示元件属性对话框），系统默认的是放置第一单元，通

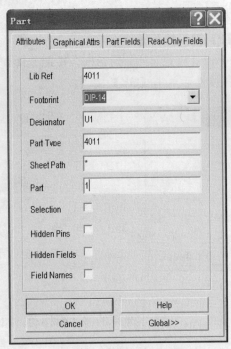

图 3.10　元件属性对话框

过改变 Part 属性的值，可以选择放置其他单元。输入如图 3.10 所示的元件各属性后单击【OK】按钮。

④ 此时可移动，也可按空格键旋转、按【X】键或【Y】键翻转元件。

⑤ 移动到适当位置后，单击鼠标左键放置元件。

⑥ 继续放置其他单元。如果是连续放置单元电路，则系统对每个单元自动编号。

⑦ 放置完其他单元后，单击鼠标右键退出放置元件状态。

要点提示：对于集成电路，在一个芯片上往往有多个相同的单元电路，每个单元电路称为一个部件（Part）。例如集成与非门电路 4011，它有 14 个引脚，在一个芯片上包含 4 个与非门，这 4 个与非门的元件名一样，只是引脚号不同。如图 3.11 所示，假如将 4011 命名为"U1"，那么各个单元的编号依次为"U1A、U1B、U1C、U1D"，其中引脚为 1、2、3 的图形称为第一单元，对于第一单元系统会在元件标号的后面自动加上 A，引脚为 5、6、7 的图形称为第二单元，对于第二单元系统会在元件标号的后面自动加上 B，其余同理。

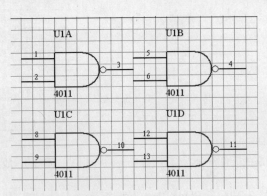

图 3.11　CC4011 集成芯片的 4 个单元电路

　　另外，执行设置工作区参数的菜单命令【Tools|Preferences】，在 Schematic 选项卡中可以设置在连续放置同一个元件的多个部件时每个部件的下标递增方式，可以设置下标按字母方式递增或按数字方式递增。具体内容请参考"项目二 原理图设计基础"中的【相关知识】3. 工作区参数设置简介"。

　　（3）放置其他元件

　　参考原理图 3.1 和元件表 3.1，采用适当方法查找到相应元件并进行放置，并调整好元件布局。在放置元件时，可以逐个设置好元件的相应属性。也可以先不设置元件属性，在全部元件放置好后，采用元件属性的全局编辑和自动编号方法来设置元件的相关属性。

4．放置电源和接地符号

放置好所有元件后，还需放置电源和接地符号。

（1）第一种方法

① 单击 Wiring Tools 工具栏中的 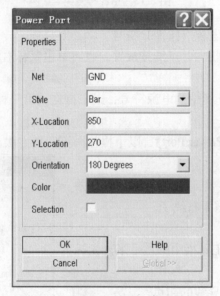 图标。

② 此时光标变成十字形，电源/接地符号处于浮动状态，与光标一起移动。

③ 此时可移动，也可按空格键旋转、按【X】键水平翻转或【Y】键垂直翻转电源/接地符号。

④ 按【Tab】键显示如图 3.12 所示的 Power Port 元件属性对话框，按如图 3.12 所示设置好 Net 和 Style 属性，单击【OK】按钮。

图 3.12 【Power Port】属性对话框

要点提示：Power Port 属性对话框中的内容说明如下。

• Net：电源的网络标号，用 GND 表示接地，如果是电源可输入 VCC 等名称。

• Style：电源符号的显示类型，如图 3.13 所示。

• X-Location、Y-Location：电源符号的位置。

• Orientation：电源符号的放置方向。有 0 Degrees、90 Degrees、180 Degrees、270 Degrees 共 4 个方向。

• Color：电源符号的显示颜色。

• Selection：电源符号是否被选中。

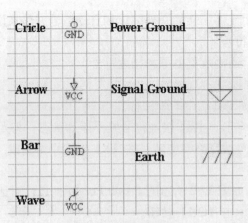

图 3.13　电源符号类型

⑤ 单击鼠标左键放置电源（接地）符号。

⑥ 系统仍为元件放置状态，可继续放置，也可单击鼠标右键退出放置状态。

（2）第二种方法

单击 Power Object 工具栏中的电源符号，以下操作同第一种方法。

（3）第三种方法

执行菜单命令【Place|Power Port】，以下操作同第一种方法。

5．绘制导线

当所需的对象如元件、电源符号等都放置好并调整好元件布局以后，就需要布线了。

（1）第一种方法

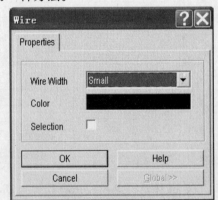

① 单击 Wiring Tools 工具栏中的图标，光标变成十字形。

② 单击鼠标左键确定导线的起点。

③ 在导线的终点处单击鼠标左键确定终点。

④ 单击鼠标右键，则完成了一段导线的绘制。此时，按【Tab】键，显示如图 3.14 所示的 Wire 属性对话框。

图 3.14　Wire 属性对话框

要点提示：Wire 属性对话框中的内容说明如下。

- Wire Width：导线宽度。
- Color：导线颜色。
- Selection：导线是否选中。

⑤ 此时仍为绘制状态，将光标移到新导线的起点，单击鼠标左键，按前面的步骤绘制另一条导线，最后单击鼠标右键两次退出绘制状态。

要点提示：在导线拐弯处单击鼠标左键确定拐点，其后继续绘制，即可绘制折线。另外，单击已画好的导线，然后拖动控制点可改变导线的长短。

（2）第二种方法

执行菜单命令【Place|Wire】，其他步骤同第一种方法。

用以上导线绘制方法完成原理图导线的绘制。

6. 放置网络标号

网络标号是具有实际电气连接意义的电气节点。在电路原理图中，具有相同网路标号的导线不管原理图上是否连接在一起，都将被视为具备电气上的连接关系。在线路较远或线路较复杂而致使走线困难时，利用网络标号代替实际走线可使电路原理图简化。在运用总线以及绘制层次原理图时，也常利用网络标号标识端口或引脚之间的电气连接关系。网络标号的作用范围可以是电路，也可以是一个项目中的所有电路图。

如图 3.1 所示，原理图中使用了网络标号 Net_1、Reset、VCC 和 GND。下面放置各网络标号。

（1）放置网络标号 Net_1

① 在 U5A 引脚 2 上绘制一段导线作为延长线。

② 单击 Wiring Tools 工具栏中的 Net 图标，或执行菜单命令【Place|Net Label】，光标变成十字形且网络标号表示为一虚线框随光标浮动。

③ 按【Tab】键系统弹出 Net Label（网络标号）属性设置对话框，如图 3.15 所示。在 Net 选项的文本框中输入网络标号名，单击【OK】按钮，即可放置网络标号。

要点提示： Net Label 属性对话框中的内容说明如下。

- Net：网络标号名称。
- X-Location、Y-Location：网络标号的位置。
- Orientation：网络标号的放置方向，有 0 Degrees、90 Degrees、180 Degrees、270 Degrees 共 4 个方向。
- Color：网络标号的显示颜色。
- Font：网络标号的字体选择。
- Selection：电源符号是否被选中。

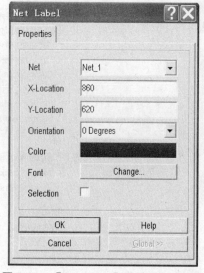

图 3.15　【Net Label】属性设置对话框

④ 在 U5A 引脚 2 的延长线上适当位置单击鼠标左键，放置好网络标号 Net_1。

⑤ 如图 3.1 所示，在与 U3A 输入引脚相连的导线上的适当位置单击鼠标左键，放置好网络标号 Net_1，然后单击鼠标右键退出放置状态。

（2）放置其他网络标号

用类似的方法放置好网络标号 Reset、VCC 和 GND。

要点提示： 在元件的引脚上放置网络标号时，为了保证网络标号的正确放置，一般将网络标号放置在引脚的延长线上。如果定义的网络标号最后一位是数字，在下一次放置时，网络标号的数字将自动加 1。另外，网络标号是具有电气意义的，不能使用文本标注等字符串代替。

7. 原理图的 ERC 检查

电气规则检查（Electrical Rule Check，ERC），用来检查电路原理图中电气连接的完整性。在原理图的绘制过程中，可能会出现一些人为的错误。有些错误可以忽略，有些错误却是致命的，如 VCC 和 GND 短路。ERC 检查可以输出相关的物理连接错误报告文件，并将 ERC 结果以符号的形式直接标注在电路原理图上。对于一个复杂的电路原理图来说，ERC 检查代替了手工检查的繁重劳动，有着手工检查无法达到的精确性以及快速性。

（1）运行 ERC

执行菜单命令【Tools|ERC…】，出现如图 3.16 所示的 Setup Electrical Rule Check 对话框，按如图 3.16 所示设置好对话框，单击【OK】按钮。

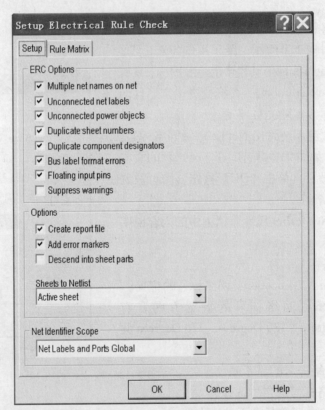

图 3.16 Setup Electrical Rule Check 对话框

（2）生成 ERC 报表

系统运行完 ERC 后会自动产生一个 ERC 报表文件，以.ERC 为扩展名，如图 3.17 所示。在报表文件中注明了原理图的名称、电气检查时间以及检查结果的详细信息。如果原理图没有出现错误，则不会出现 Warning 和 Error 等错误信息，否则，会出现错误信息，如图 3.17 所示。

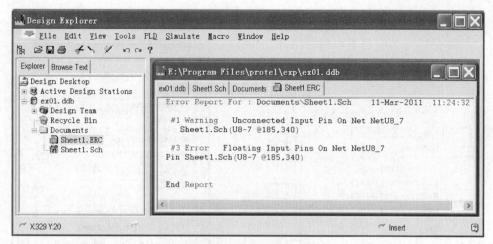

图 3.17 ERC 报表文件

要点提示：基于原理图绘制结果，图 3.17 所示的 ERC 报表文件会有不同的内容。

（3）定位错误点

利用 Browse Sch（原理图元件管理器）可以迅速查看错误点。在 Browse Sch 的 Browse 下拉列表中选择 Primitives，并选择浏览 Error Markers，此时下方的列表框会列出所有检查出的错误，选中某项错误，并单击【Jump】按钮，系统自动调整到原理图工作区中的错误所在点并放大显示，如图 3.18 所示。

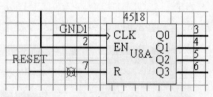

图 3.18 原理图上标示的出错点

（4）更正错误

仔细检查，发现网络标号 RESET 没有与 U8-7 引脚延长线连接。调整网络标号 RESET 的位置，正确连接好网络标号 RESET。重新运行 ERC，如果没有其他错误，说明原理图连接正确。

8. 生成相关报表

原理图绘制完成后，为了满足生产和工艺上的要求，生成各种报表也十分重要。另外，报表文件对原理图设计的进一步完善也有帮助。

（1）生成网络表

网络表是表示电路原理图或印刷电路板元件连接关系的文本文件。它是原理图和印刷电路板 PCB 之间联系的桥梁。网络表文件的主文件名与电路图的主文件名相同，扩展名为.NET。网络表的作用：用于印刷电路板的自动布局、自动布线和电路模拟程序；用于检查电路原理图之间或电路原理图与印刷电路板图之间是否一致。

① 打开原理图文件。

② 执行菜单命令【Design|Create Netlist】，或使用快捷键【D】打开设计快捷菜单选择【Create Netlist】命令（或按键盘【N】键执行），如图 3.19 所示，即可打开 Netlist Creation（网络表生成）对话框，如图 3.20 所示。

③ 按如图 3.20 所示设置好对话框，然后单击【OK】按钮，系统自动产生一个网络表

文件，以.NET 为扩展名，如图 3.21 所示。

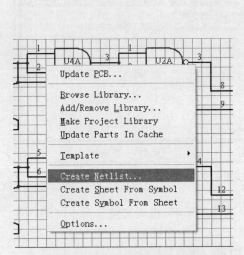

图 3.19 Create Netlist 快捷菜单

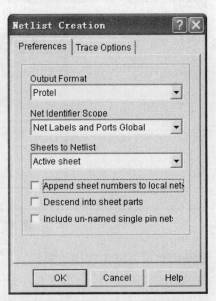

图 3.20 Netlist Creation 对话框

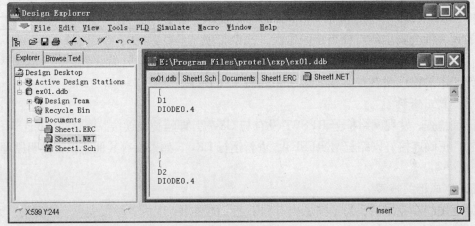

图 3.21 网络表文件

（2）生成元件清单

元件清单中主要包括元件名称、元件标号、元件标注、元件封装形式等内容。元件清单主要用于进行元件采购与成本预算。

① 在原理图编辑界面下，执行菜单命令【Reports|Bill of Material】，系统弹出 BOM Wizard 向导窗口，如图 3.22 所示。这里会提示用户选择生成元件清单的范围是整个项目（Project）还是当前原理图（Sheet）。

② 按如图 3.22 所示，设置好对话框，单击【Next】按钮，系统弹出如图 3.23 所示的对话框，用来设置元件清单中包含哪些元件信息。

③ 按如图 3.23 所示，设置好对话框，单击【Next】按钮，系统弹出如图 3.24 所示的对话框，用来设置元件清单的栏目标题。

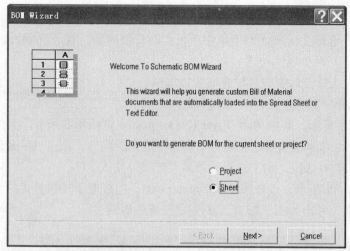

图 3.22　启动 BOM Wizard 向导

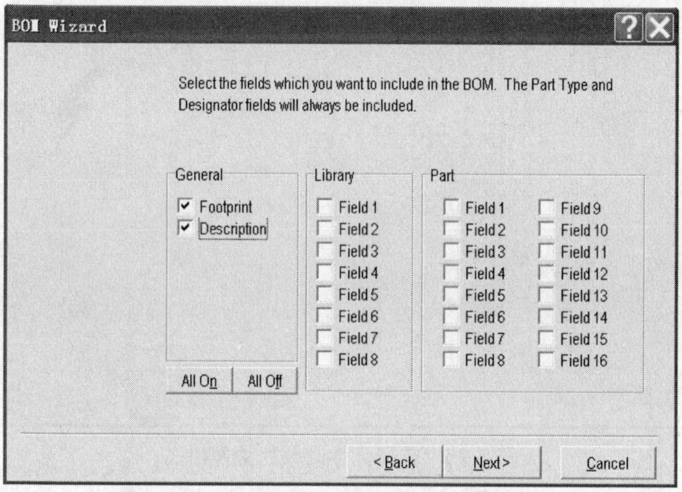

图 3.23　设置元件清单中包含的元件信息

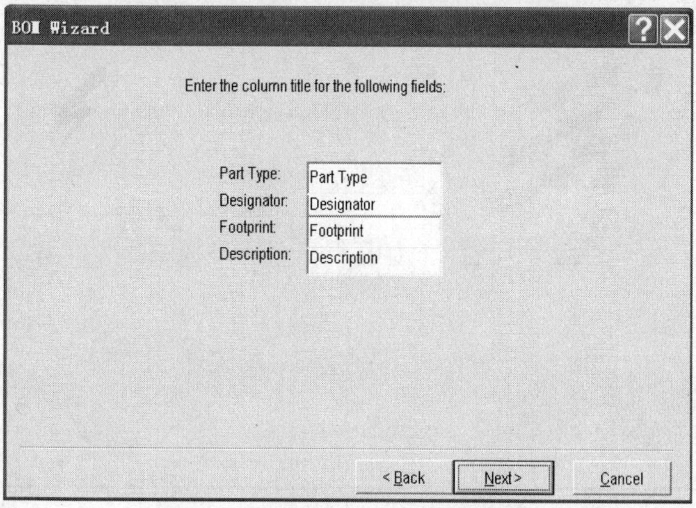

图 3.24　设置元件清单的栏目标题

要点提示：图 3.23 所示的选项组的含义如下。

- General：选择生成的元件清单中所包含的一般内容，有 Footprint（封装形式）和 Description（描述）两个属性可选。
- Library：选择要对哪些库信息域生成清单。
- Part：选择要对哪些元件域信息生成清单。

④ 如图 3.24 所示，其中 Part Type 和 Designator 这两项在所有的元件清单中都有，Footprint 和 Description 这两项是在前一个步骤中选择的内容。单击【Next】按钮，系统弹出如图 3.25 所示的对话框，用来选择元件清单的文件格式。

⑤ 按如图 3.25 所示，选择 Client Spreadsheet，生成电子表格格式的元件列表。单击【Next】按钮，系统弹出如图 3.26 所示的完成设置的界面。

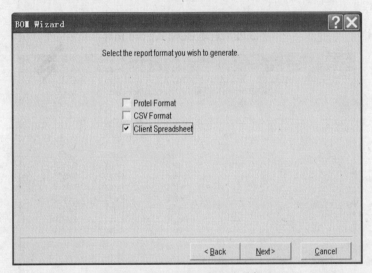

图 3.25　选择元件清单的文件格式

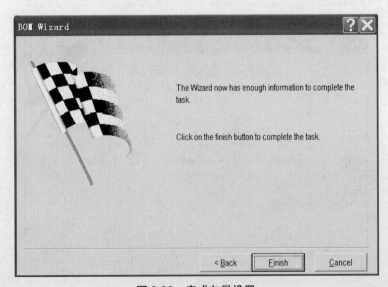

图 3.26　完成向导设置

要点提示：图 3.24 所示的各选项的含义如下。

- Part Type：元件标注。
- Designator：元件标号。
- Footprint：元件封装形式。
- Description：元件描述。

要点提示：图 3.25 所示的各选项的含义如下。

- Protel Format：生成 Protel 格式的元件列表，文件扩展名为.BOM。
- CSV Format：生成 CSV 格式的元件列表，文件扩展名为.CSV。
- Client Spreadsheet：生成电子表格格式的元件列表，文件扩展名为.XLS。

⑥ 如图 3.26 所示，单击【Finish】按钮就完成了对元件清单生成向导的设置，系统生成电子表格式的元件清单，并自动将其打开（如图 3.27 所示），系统还提供了一个 Spread FormatTools 用于调整报表格式。在设置过程中如果需要修改前面的设置，可以通过单击【Back】按钮回到相应的界面重新设置，如果要放弃生成元件清单，则可以通过单击【Cancel】按钮取消向导设置。

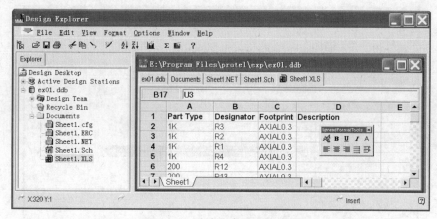

图 3.27　系统生成的元件清单

要点提示：元件清单以元件标注为依据进行排序，为了准确，在产生元件清单之前应检查所有元件的标注不能为空。

（3）生成元件属性清单

元件的属性，如编号、封装形式、元件类型或大小等，在绘图的过程中需要不断地进行修改，这样会降低绘图的效率。通过使用全局属性编辑可以对同一类型的元件同时修改，提高了绘图效率。另外，还可以在绘图过程中不对元件作很多修改，而在原理图绘制完成后通过生成元件属性清单报表文件，在报表文件中统一对元件属性进行修改，最后通过"更新"功能修改原理图中的元件属性。

① 执行菜单命令【Edit|Export to Spread】，打开如图 3.28 所示的导出编辑对象属性清单向导窗口。

② 单击【Next】按钮，弹出如图 3.29 所示的选择导出对象对话框。Primitives 列出了原理图中各对象的基本分类，Number Found 列出了每种分类中的对象数目。

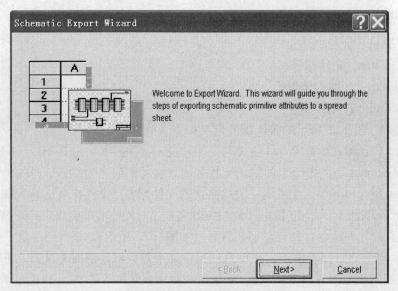

图 3.28　对象属性清单向导

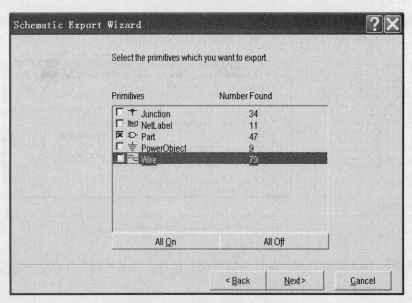

图 3.29　选择导出对象对话框

③ 按如图 3.29 所示设置好对话框，单击【Next】按钮，打开如图 3.30 所示的导出对象属性选择对话框，在此可以选择要导出的对象的具体属性。

④ 按如图 3.30 所示设置好对话框，单击【Next】按钮，系统弹出如图 3.31 所示的完成设置的界面。此时，可以单击【Back】按钮回到相应的页面修改设置，单击【Cancel】按钮可以取消元件属性清单的导出，单击【Finish】按钮就完成了对元件属性清单的导出，系统生成电子表格式的元件属性清单，并自动将其打开，如图 3.32 所示。

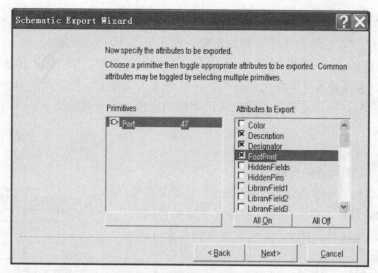

图 3.30 对象属性选择对话框

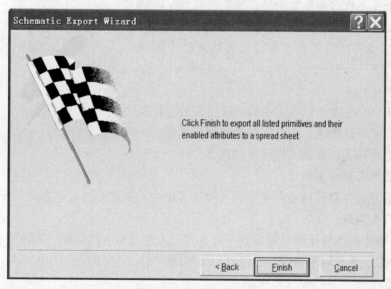

图 3.31 完成导出设置

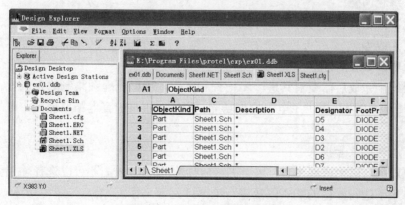

图 3.32 生成的元件属性清单

要点提示： 元件属性清单与元件清单一样是一个.XLS 文件，并且与原理图文件同名。如果没有进行处理，这两个文件会相互覆盖，因此使用的时候要注意。

⑤ 在生成的元件属性清单中可以修改元件的属性，修改完后执行菜单命令【File|Update】，即可将对应原理图中的元件属性修改为文件中的值。对于 Junction（电气节点）、Label（标号）等其他对象也可以采用同样的操作，生成属性清单，并可以进行修改。

【相关知识】

1. 电路原理图设计的一般步骤

一般来说，设计一个电路的原理图主要包括设置图纸和工作界面参数、加载元件库、放置元器件和布局、布线和调整、原理图检查和修改、生成报表和存盘打印，如图 3.33 所示。

（1）设置图纸和工作界面参数

设置图纸和工作界面参数包括设置图纸尺寸、标题栏、网格、光标以及根据个人习惯对工作区做一些设置。有关原理图编辑环境的各种参数设置方法可参考项目二的相关内容。

（2）加载元件库

在 Protel 99 SE 中，原理图中的元器件符号均存放在不同的原理图元件库中，在绘制电路原理图之前，必须将所需的原理图元件库装入原理图编辑器。

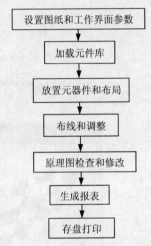

图 3.33　电路原理图设计流程

（3）放置元器件和布局

将所需的元器件符号从元件库中调入到原理图中，并规划好元件布局，元件的布局一般遵循以下几个原则。

① 同一功能模块的元件尽量放到一起，可以方便理解电路结构，同时便于管理。

② 元件的摆放有利于布线，方便进行布线操作。

③ 美观。

（4）布线和调整

将各元器件用具有电气性能的导线连接起来，并进一步调整元器件的位置、元器件标注的位置及连线等。

（5）原理图检查和修改

原理图绘制完成后需要对其进一步检查和修改，确保原理图绘制的正确性，没有疏漏和误连接。Protel 99 SE 提供了电气检查功能（ERC）用来检查电路原理图中电气连接的完整性。

（6）生成网络表等报表

通过原理图可以生成网络表，用于进行后续的 PCB 设计，还可以选择输出元件清单等各种报表，用于进行器件的购买以及进行电路评判等工作。

（7）存盘打印

在设计过程中注意对设计资料适时保存，避免发生意外导致设计资料丢失。如果需要可以将原理图打印输出。

2．元件查找方法

电子元器件种类繁多，在放置元件之前，先掌握如何查找元件。

（1）逐库查找

如图 3.34 所示，在 Browse Sch（原理图元件管理器）选项卡的元件库选择区选择一个元件库时，元件浏览区列出了该库中的所有元件，而在元件预览区可以查看元件的外观。通过逐个查找元件选择区的元件库，可以发现所需元件是否在当前列出的元件库中，单击元件浏览区的元件，然后单击元件浏览区下面的【Place】按钮，即可开始进行元件放置。

（2）过滤查找

逐库查找效率较低，利用 Browse Sch 选项卡的元件过滤选项可以提高效率。元件过滤选项中可以设置元件浏览区的显示条件，在条件中可以使用通配符*和？。如图 3.35 所示，元件过滤条件为"*45*"，结合逐库查找，元件浏览区内显示了元件库 Protel DOS Schematic 4000 CMOS.lib 中所有包含字段"45"的元件名。单击元件浏览区的所需元件，然后单击元件浏览区下面的【Place】按钮，即可开始进行元件放置。

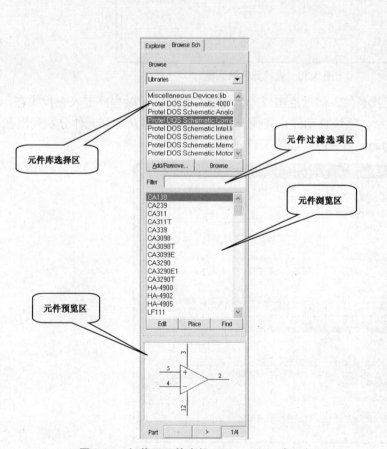

图 3.34 加载了元件库的 Browse Sch 选项卡

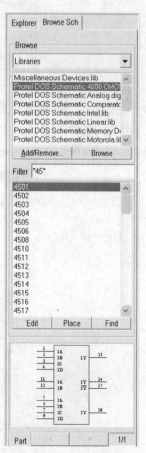

图 3.35 设置过滤条件

（3）利用 Browse Sch 选项卡的【Find】按钮

在当前元件库列表的元件库中没有查找到相应元件时，可以利用 Browse Sch 选项卡的【Find】按钮进行元件查找。例如，查找包含字段"*26ls32*"的元件。单击元件浏览区下方的【Find】按钮，将弹出如图 3.36 所示的查找元件对话框。

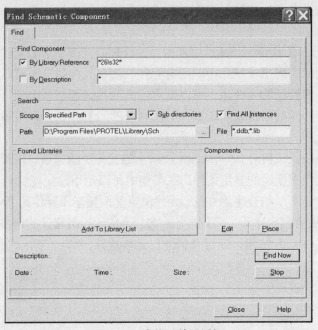

图 3.36　查找元件对话框

按照图 3.36 设置好查找条件，然后点击【Find Now】按钮，此时程序进入查找状态，当所有的文件均查找完成后，系统自动停止查找，查找到的元件隶属库和元件分别列出在 Found Libraries 和 Components 列表中，如图 3.37 所示。

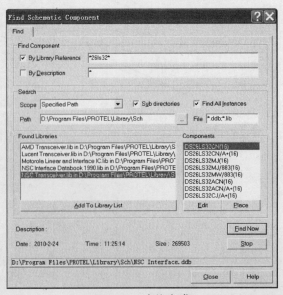

图 3.37　查找完成

选中 Components 列表中的元件，单击列表下面的【Place】按钮，即可开始进行元件放置。

（4）使用菜单命令

单击主菜单命令【Place|Part】（或按两下【P】键），系统弹出如图 3.38 所示的 Place Part（放置元件）对话框。单击 Lib Ref 文本框后的【Browse】按钮，系统将弹出 Browse Libraries（浏览元件库）对话框，如图 3.39 所示。

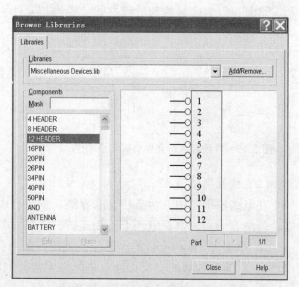

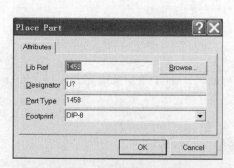

图 3.38　Place Part 对话框　　　　图 3.39　Browse Libraries 对话框

在 Libraries 下拉列表框中选择相应的元件库名（如果列表框中没有所需的元件库，可单击【Add/Remove】按钮加载元件库），在 Components 区域的元件列表中选择元件名，则在旁边的显示框中显示该元件的图形。Mask 文本框中为空白或*时，Components 区域列出该元件库的所有元件，可以在 Mask 文本框中输入期望的字段，如"*26LS32*"，提高查找效率。找到所需的元件后，单击【Close】按钮，即可返回图 3.38 所示的 Place Part 对话框继续下面的操作，即进行元件的放置。

（5）使用 Wiring Tools 工具栏

单击 Wiring Tools 工具栏中的 ⌐ 图标，系统弹出图 3.38 所示的对话框，其他步骤与使用菜单命令相同。

　要点提示：在元件查找方法（4）和（5）中，如果已经加载了元件所属的元件库，则在图 3.38 中，输入元件名称等属性后，单击【OK】按钮，即可直接进行元件放置，而不必通过【Browse】按钮进入 Browse Libraries 对话框进行元件查找。

（6）使用主工具栏

单击 Main Tools 工具栏中的 ⌐ 图标，系统弹出与图 3.39 类似的 Browse Libraries 对话框。与图 3.39 不同的是，在该对话框中查找到相应元件后，单击【Place】按钮，即可进行元件放置。

3．绘制导线要点

（1）设置电气栅格的电气节点捕捉功能

在放置导线之前，执行菜单命令【Design|Options】，在 Document Options 对话框的 Sheet Options 选项卡中设置好 Electrical（电气栅格）的电气节点捕捉功能（参见项目二），这样进行导线放置时，当光标移至元件引脚或导线的端点时，则在十字光标的中心出现一个大的黑点，如图 3.40 所示；如果导线重叠时，十字光标的中心出现一个小毛球，如图 3.41 所示。这时可以判断导线与导线之间、导线与元件引脚之间是否相连或重叠。

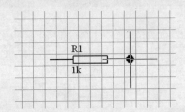
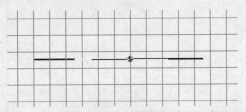

图 3.40　导线起点与元件引脚端点相连　　　　图 3.41　导线重叠

（2）放置电路节点

在电路原理图中的两条相交的导线，如果有电气节点，则认为两条导线在电气上相连接；若没有节点，则在电气上不相连。

① 单击 Wiring Tools 的 图标，或执行菜单命令【Place|Junction】。

② 在两条导线的交叉点处单击鼠标左键，则放置好一个节点。

③ 此时仍为放置状态，可继续放置，单击鼠标右键，退出放置状态。

④ 电气节点属性编辑。在放置过程中按【Tab】键，或双击已放置好的电路节点，在弹出如图 3.42 所示的 Junction（节点）属性设置对话框中进行设置。

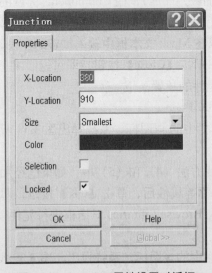

图 3.42　Junction 属性设置对话框

要点提示：图 3.42 所示的各选项的含义如下。

- X-Location、Y-Location：设置节点位置。
- Size：设置节点大小，共有 4 种选择。
- Color：设置节点颜色。
- Selection：确定节点是否被选中。
- Locked：确定节点是否被锁定。若不选定此属性，当导线的交叉不存在时，该处原有的节点自动删除；如果选定此属性，当导线的交叉不存在时，节点仍继续存在。

（3）设置自动放置电气节点

在画导线时，如果系统自动在两条相交的导线处放置电气节点，则方便了导线的绘制。可以在工作区环境设置时，设置系统自动放置电气节点。

执行菜单命令【Tools|Preferences】，在 Preferences 对话框的 Schematic 选项卡中，选中 Options 选项组的 Auto-Junction 选项（参见项目二），这样在导线或引脚的 T 形交叉点自动放置电气节点，表示导线或引脚间的电气连接。

4．对象的基本操作

对象可以是元件、连线、节点、文本等。下面介绍对象的一些基本操作。

（1）对象的选择与取消

① 选择单个对象

将鼠标对准对象快速单击鼠标左键，对象即被选中。如果选中的对象是元件、文字等，则出现虚框，如图 3.43 所示；如果是线条、矩形等，则出现控制点，如图 3.44 所示。同一时刻只能选中一个对象。

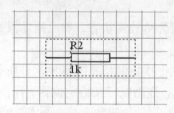

图 3.43　选取元件

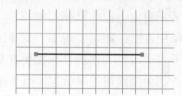

图 3.44　选取导线

② 选择多个对象

第一种方法：按住鼠标不放，此时屏幕出现一虚线框，松开鼠标左键后，虚线框内的所有对象全部被选中。

第二种方法：单击主工具栏的 图标，这时光标变成十字形。在适当的位置单击鼠标左键，确定虚线框的一个顶点，在虚线框另一对角线单击鼠标左键确定另一个顶点，则虚线框内的所有对象全部被选中。单击主工具栏的 图标，则取消对象的选中状态。

第三种方法：执行【Edit|Toggle Selection】命令，这时鼠标为十字形。将鼠标移至选取得对象上，单击鼠标即可选取该对象，并且可以连续的选取对象。单击鼠标右键或按【Esc】键可以停止对象选择。这种方法适合选取分散的对象。

第四种方法：执行菜单命令【Edit|Selection】，出现如图 3.45 所示的下一级的菜单命令，根据具体需要进行选择。图 3.45 所示菜单中各命令解释如下。

- Inside Area：选择区域内的所有对象，与第一、二种方法相同。

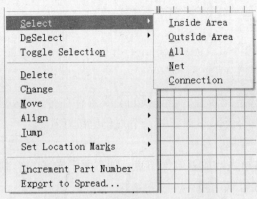

图 3.45 【Edit| Selection】命令

- Outside Area：选择区域外的所有对象。操作同上，只是选择的对象在区域外面。
- All：选择图中的所有对象。选择图中的所有对象。
- Net：选择某网络的所有导线。执行命令后，光标变成十字形，在要选择的网络导线上或网络标号上单击鼠标左键，则该网络的所有导线和网络标号全部被选中。

- Connection：选择一个物理连接。执行命令后光标变成十字形，在要选择的一段导线上单击鼠标左键，则与该段导线相连的导线均被选中。

③ 取消选择

取消单个对象的选择，只需在选取对象以外的任何地方，单击鼠标左键即可取消对象的选取。

取消多个对象的选择，有两种方法。

第一种方法：单击主工具栏的 █ 图标，则取消所有对象的选中状态。

第二种方法：执行菜单命令【Edit|DeSelection】，在下一级菜单中选择相应的命令，即可取消对象的选择。

（2）对象的移动

在某一对象上按住鼠标左键不放，则该对象就会变为待放置状态，然后拖动鼠标到指定位置释放左键，即可实现单一对象的移动。

对于多个对象的移动，只需要在被选中的任一对象上按住鼠标左键不放，则所有被选中的对象都会变成待放置状态，而且相对位置保持不变，拖动鼠标到指定位置，释放左键，即可实现所选对象的移动。此外，还可以通过主工具栏上的 ✛ 按钮和菜单命令【Edit|Move】来实现所选取对象的移动。

（3）对象的复制、剪切、粘贴

选取需要复制或剪切的对象，然后执行菜单命令【Edit|Copy】或【Edit|Cut】进行复制或剪切。通过执行菜单命令【Edit|Paste】，可以对复制或剪切的内容进行粘贴。剪切和粘贴命令还可以通过主工具栏上的 ✎ 按钮和 ↘ 按钮来实现。

要点提示：对于单个对象，也需要采用选择多个对象的对象选择方法选中后，才能够进行复制与剪切。

（4）对象的删除

对于单一对象，可以单击鼠标左键选中，然后执行菜单命令【Edit|Delete】，或直接按【Delete】键来实现删除。

对于选中的多个对象，可以通过执行菜单命令【Edit|Clear】，或通过【Ctrl+Delete】组合键来实现删除。

（5）元件的排列和对齐

当原理图上元件摆放杂乱无章时，利用元件排列和对齐命令，可以使图面整齐，并且可以提高工作效率。

选中要操作的对象，执行菜单命令【Edit|Align】，出现如图 3.46 所示的下一级的菜单命令，根据具体需要进行选择。图 3.46 所示菜单中各命令解释如下。

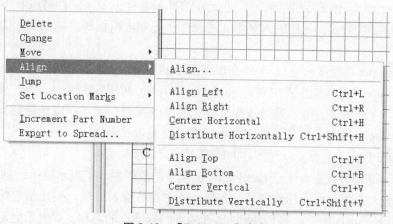

图 3.46 【Edit|Align】命令

- Align：打开 Align 对话框，可以同时进行排列和对齐。
- Align Left：将被选对象以最左边的对象为基准对齐。
- Align Right：将被选对象以最右边的对象为基准对齐。
- Center Horizontal：将被选对象以最左和最右对象的中间位置为基准对齐。
- Distribute Horizontally：将被选对象以最左和最右对象为边界在水平方向等间距排列。
- Align Top：将被选对象以最上面的对象为基准对齐。
- Align Bottom：将被选对象以最下面的对象为基准对齐。
- Center Vertical：将被选对象以最上和最下对象的中间位置为基准对齐。
- Distribute Vertically：将被选对象以最上和最下对象为边界在垂直方向等间距排列。

5. 对象的属性编辑

（1）打开属性编辑窗口

Protel 99 SE 的所有对象都有其表征外部特征的属性参数，大多数情况下系统给予这些属性参数的默认值都能满足设计要求，根据需要，也可以打开对象的属性窗口来进行编辑。

打开属性窗口的方法如下。

第一种方法：在放置对象过程中元件处于浮动状态时，按【Tab】键。

第二种方法：双击已放置好的对象。

第三种方法：在对象符号上单击鼠标右键，在弹出的快捷菜单中选择 Properties。

第四种方法：执行菜单命令【Edit|Change】，用十字光标单击对象。

（2）元件属性编辑

经常使用的是元器件的属性，主要包括元件的标号、标注、封装形式以及显示字体的颜色和大小等。双击已放置的元件，弹出如图 3.47 所示的元件属性对话框，即可对元件属性进行编辑。下面对各选项卡的含义做简单介绍。

① Attribute 选项卡

● Lib Ref（元件名称）：元件符号在元件库中的名称。如在元件库中的名称是 RES2 的电阻符号，在放置元件时必须输入，但不会在原理图中显示出来。

● Footprint（元件的封装形式）：是元件的外形名称。一个元件可以有不同的外形，即可以有多种封装形式。元件的封装形式主要用于印制电路板图。这一属性值在原理图中不显示。

● Designator（元件标号）：元件在原理图中的序号，如 R1、C1 等。

● Part Type（元件标注或类别）：如 10 k、0.1μF、40193 等。

● Part：元件的单元号。通过改变复合元件 Part 属性的值，可以选择放置单元。

● Selection：确定元件是否处于选中状态，√表示选中。

● Hidden Pins：是否显示元器件的隐藏引脚，√表示显示。

● Hidden Fields：是否显示 Part Fields 选项卡的数据栏，√表示显示，每个元件有 16 个标注，可输入有关元件的任何信息，如果标注中没有输入信息，则显示"*"。

● Field Names：是否显示 Part Fields 选项卡的数据栏的名称，√表示显示，数据栏名称为 Part Field 1～Part Field 16。

② Graphical Attrs（图形属性）选项卡（见图 3.48）

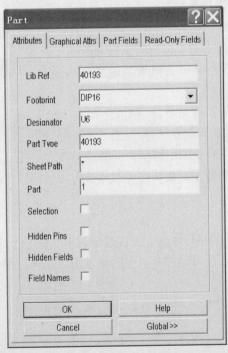

图 3.47　Attibutes 选项卡

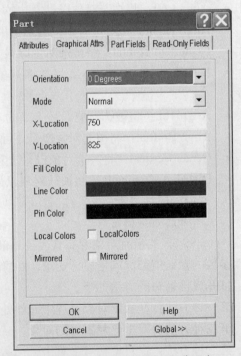

图 3.48　Graphical Attrs 选项卡

● Orientation：设置元件的摆放方向。

● Mode：设置元件的图形显示模式。

- X-Location、Y-Location：元件的位置。
- Fill Color：设置方块图式元件的填充颜色。默认为设置为黄色。
- Line Color：设置方块图式元件的边框颜色。
- Pin Color：设置元件引脚颜色。默认为黑色。
- Local Colors：是否使用 Fill Color、Line Color 和 Pin Color 选项区所设置的颜色，√表示使用。
- Mirrored：元件是否左右翻转，√表示翻转。

③ Part Fields（图形属性）选项卡（见图 3.49）

Part Fields 选项卡用来设置部件的一些数据信息。可以在 Attributes 选项卡中设置是否显示这些内容。

④ Read-Only Fields（只读域）选项卡（见图 3.50）

Read-Only Fields 选项卡用来显示该元件库中定义的一些信息。

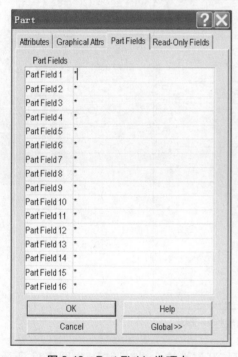

图 3.49　Part Fields 选项卡

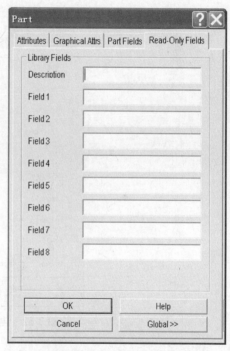

图 3.50　Read-Only Fields 选项卡

6. 元件属性全局编辑

在比较复杂的电路原理图中经常会使用很多元件，其中有些元件的属性十分相近，如电阻、电容等，很多情况下都会使用比较统一的封装，此时如果仍然逐个进行修改就会显得十分麻烦，而且容易出错。Protel 99 SE 提供了元件属性全局编辑功能，可以对一张原理图中的多个元器件进行封装、标注等属性的一次性同时编辑，从而可以提高绘图的质量和效率。

在如图 3.1 所示的原理图中，电阻 R5～R13 具有相同的 Footprint（封装形式）和 Part Type

（元件标注），此时，可以采用元件属性全局编辑功能对以上属性进行设置。为了便于说明，将需要进行属性设置的电阻单独列出，如图 3.51 所示。

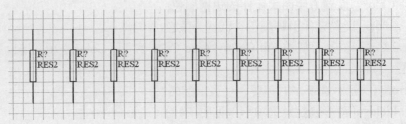

图 3.51　需要进行属性编辑的元件

①　用鼠标左键双击一个电阻元件，打开属性设置对话框，如图 3.52 所示。

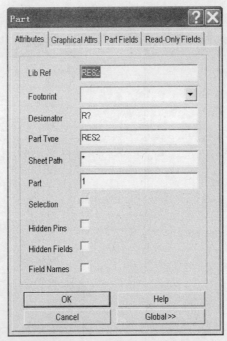

图 3.52　电阻元件的属性对话框

②　单击对话框右下角的【Global】按钮，即可打开属性的全局对话框，如图 3.53 所示。该对话框中各选项组含义如下。

●　Attributes To Match By：该选项组中的各项用于进行元件属性的匹配，只有与所选属性相匹配的元件的属性值会得到修改，而不符合匹配条件的元件属性不会产生变化。该选项组有两类属性项目。一类属性的输入栏中的默认值为"*"号，该类项目需要输入匹配值，如果不做修改则默认所有条件都匹配；另一类为含有下拉列表的项目，可以通过下拉按钮打开下拉列表中的 3 个选择项，Any 表示所有条件都匹配，Same 表示与当前元件的该属性相同的元件才匹配，Different 表示与当前元件的该属性不同的元件才匹配。

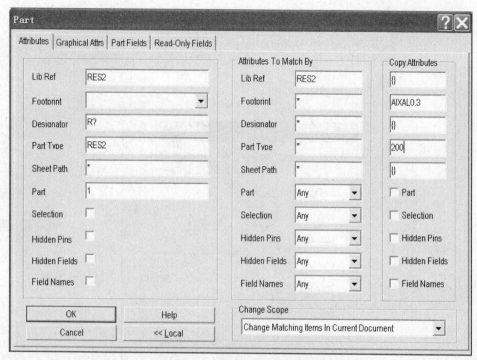

图 3.53　全局属性编辑对话框

● Copy Attributes：选择进行复制的属性，即设置对符合匹配条件的元件属性做哪些修改。该选项组也包含两类。一类是输入框，对应于 Attributes To Match By 选项组中相应行的对应项目，需要输入属性的修改值，默认为不进行修改；另一类为复选框，选中则表示将匹配元件的对应属性值修改为当前元件的属性值。

● Change Scope：通过下拉列表设定修改属性的范围。它有 3 个选项，分别为 Chang This Item Only（修改属性的范围只是该元件本身）、Change Matching Items In Current Document（修改属性的范围是本原理图）和 Change Matching Items In All Document（修改属性的范围是所有原理图）。

③ 按如图 3.53 所示，设置好全局属性编辑对话框，将属性 Lib Ref（元件名称）为 RES2 的所有元件的 Footprint（封装形式）修改为 AXIAL0.3，Part Type（元件标注）修改为 200。

④ 单击【OK】按钮，会出现如图 3.54 所示的确认对话框。

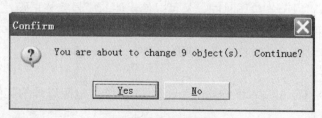

图 3.54　确认对话框

⑤ 单击【Yes】按钮，确认修改。如图 3.55 所示，所有电阻元件的对应属性都得到了修改。

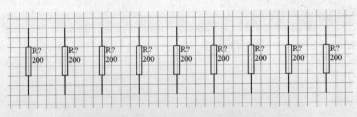

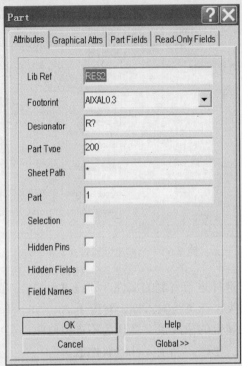

图 3.55　修改了所有电阻元件的对应属性

7．元件自动编号

在编辑电路原理图时，可以在元件属性对话框中设置元件标号 Designator，但当电路复杂，元件数目较多时，采用手动编号的方法不仅慢，而且容易出现重号或跳号问题。重号的错误会在电气规则检查或是网络表载入时呈现出来，跳号虽然不会造成什么错误，但会给电路原理图和印刷电路板的阅读和管理带来麻烦。元件标号的自动编号是一种快速而又准确的编号方法，可以节省绘图时间，又可以使元件的序号完整正确。

如图 3.55 所示，图中的电阻通过元件属性的全局编辑设置好了 Footprint 和 Part Type 属性，现在采用自动编号的方法设置电阻的元件标号 Designator。

（1）选择元件

执行菜单命令【Edit|Select|Outside Area】，选中除了电阻以外的其他元件，如图 3.56 所示。

（2）进入 Annotate 对话框

执行菜单命令【Tools|Annotate…】，系统弹出如图 3.57 所示的 Annotate 对话框，其中包含 Options 选项卡和 Advanced Options 选项卡，其含义说明如下。

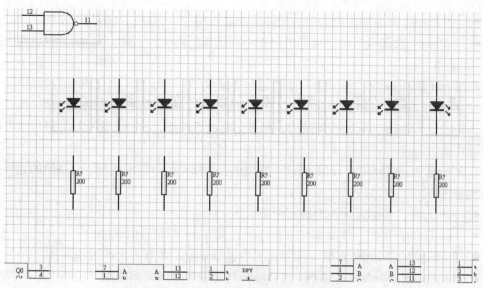

图 3.56 选中除了电阻以外的其他元件

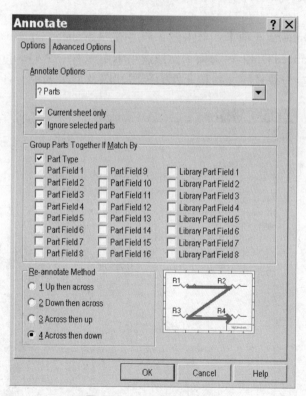

图 3.57 Annotate 对话框

① Options 选项卡：主要对自动编号的一般规则进行设置。

• Annotate Options 选项组：有一个下拉列表和两个复选框。选中复选框 Current sheet only，则自动编号只针对当前原理图。选中复选框 Ignore selected parts，则自动编号时忽略选中的元件，即不对选中的元件编号。下拉列表中共有 4 个选项。

■ All Parts：对原理图中的所有元件重新进行编号，包括已经编号的元件。

■ ? Parts：自动编号的对象为电路图中尚未编号的元件，即 Designator 属性中带有"？"的元件。

■ Reset Designator：将所有元件的编号还原成"？"状态，以便进行重新编号。

■ Update Sheet Number Only：仅更新电路图号。如果是单张电路图的话，执行该选项后，其图号（Sheet Number）还是 1，如果是层次原理图，执行该选项后，每一张电路图的图号将重新编号。

● Group Parts Together If Match By 选项组：选择元件分组的依据，同一组的元件使用一组编号序列。

■ Part Type：根据元件类型进行分组。

■ Part Field：根据元件文本域进行分组，共有 16 个域可供选择。

■ Library Part Field：根据元件库文本域进行分组，共有 8 个域可供选择。

● Re-annotate Method 选项组：选择执行自动编号时所采用的编号顺序，有 4 个选项，代表了 4 种不同方式的编号顺序，其右侧的图示清晰显示了这 4 种编号顺序的方向，此处不再赘述。

② Advanced Options 选项卡：单击图 3.57 中的 Advanced Options 标签，即可打开如图 3.58 所示的 Advanced Options 选项卡。该选项卡中只有一个 Designator Range 选项组。该选项组用来指定参与编号的文档和元件的范围，以及后缀名称。各栏内容含义如下。

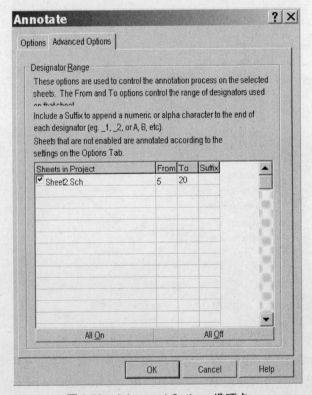

图 3.58　Advanced Options 选项卡

- Sheet in Project：该列中将显示当前项目中所包含的所有原理图纸，每一项前面都有一个复选框，可以选择应用该规则的文件。
- From：该列中为元件自动编号的初始编号，默认值为 1 000，可以对其进行修改。
- To：该列中为元件自动编号的终止编号，超出这一数值的元件将不再进行编号，默认值为 1999，可以对其进行修改。
- Suffix：在该列中可以设置元件自动编号的后缀。
- All On：选择所有文档。
- All Off：取消所有文档。

（3）设置自动编号

按图 3.57 和图 3.58 所示，设置每个选项，单击【OK】按钮，系统自动生成一个扩展名为.REP 的报告文件，而自动编号的执行效果如图 3.59 所示。

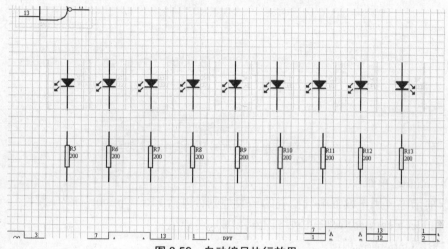

图 3.59　自动编号执行效果

8. 设置 ERC 规则

在原理图工作区单击鼠标右键，弹出如图 3.60 所示的快捷菜单，然后选择【ERC】命令，出现如图 3.61 所示的 Setup Electrical Rule Check 对话框，该对话框中有 Setup 和 Rule Matrix 两个选项卡，下面分别对其进行叙述。

图 3.60　使用快捷菜单执行 ERC 命令

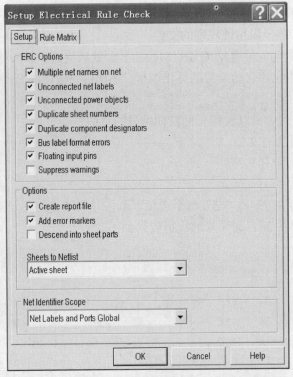

图 3.61 【Setup Electrical Rule Check】对话框

（1）Setup 选项组

该选项卡主要用于设置电气检查的一般规则，包括 ERC Options（ERC 属性）、Options（属性）和 Net Identifier Scope（网络识别范围）选项组。

① ERC Options 选项组

ERC Options 选项组用于设置 ERC 的检查内容，具体介绍如下。

- Multiple net names on net：检查同一个网络上是否拥有多个不同名称的网络标识符。

- Unconnected net labels：检查是否有未连接到其他电气对象的网络标号。

- Unconnected power objects：检查是否有未连接到任一电气对象的电源对象。

- Duplicate sheet numbers：检查项目中是否有绘图页码相同的绘图页。

- Duplicate component designators：检查是否有标号相同的元件。

- Bus label format errors：检查附加在总线上的网络标号的格式是否非法。

- Floating input pins：检查是否有悬空引脚。

- Suppress warnings：设置是否忽略当前原理图中的警告错误而只对错误的情况进行标识。

② Options 选项组

Options 选项组用于设置对 ERC 一般属性，具体内容如下。

- Create report file：设置列出全部 ERC 信息并产生错误信息报告。

- Add error markers：设置在原理图上有错误的位置放置错误标记。

- Descend into sheet parts：设置是否将子模块中内部电路所匹配的端口与原理图中相

应的端口完成电气连接，并一同进行电气规则检查。

- Sheets to Netlist：通过下拉列表来选择进行电气规则检查的范围。如图 3.62 所示，共有 Active sheet（检查当前原理图）、Active project（检查当前项目中所有的原理图）和 Active sheet plus sub sheets（检查当前原理图及其子图）三个选项可供选择。

③ Net Identifier Scope 选项组

Net Identifier Scope 选项组用来设置网络标号和端口的工作范围，通过下拉列表来进行选择。如图 3.63 所示，共有 3 个选项。

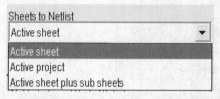

图 3.62 Sheets to Netlist 下拉列表

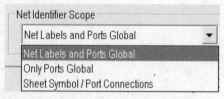

图 3.63 Net Identifier Scope 下拉列表

- Net Labels and Ports Global：网络标号和端口适用于整个设计项目，即全局有效。表示在整个设计项目的所有电路图中，只要是同名的网络标号或同名的端口，都被认为是相互连接的。

- Only Ports Global：仅端口适用于整个设计项目，而网络标号只在各自的电路图中有效。

- Sheet Symbol/Port Connections：端口仅与其上层电路的方块图接口相连，与其他电路图同名的端口并没有连接关系。该选项可以认为网络标号和端口均只在各自的电路图中有效。

要点提示：相同名称的网络标号和端口之间并没有电气连接关系，这两种电气标识符之间是相互独立的。另外，相同名称的电源端口（Power Port），不论选择何种 Net Identifier Scope，在整个项目文件中都是相互连接的。

（2）Rule Matrix 选项卡

单击如图 3.61 所示的 Setup Electrical Rule Check 对话框中的 Rule Matrix 选项卡，即可切换到如图 3.64 所示的 Rule Matrix 选项卡窗口。Rule Matrix 选项卡由一个 Connected Pin/Sheet Entry/Port Rule Matrix 区域构成。电气规则以矩阵的形式给出，其中行与列的每一个交点表示一个规则，以不同的颜色标识规则的类型。其颜色的设置在左上角的 Legend（图例）区域，如绿色表示 No Report（正常）、红色表示 Error、黄色表示 Warning。单击规则矩阵中某一方格可以循环改变其显示的颜色，从而设定电气检查规则，而单击 Legend 下方的【Set Defaults】按钮可以将电气规则恢复为默认值。例如，第 3 行 Output Pin 和第 1 列 Input Pin 交点出的方块颜色为绿色，表示这种连接式允许的，在 ERC 报表文件中不会报错；单击该方块，修改为黄色，则表示这种连接会产生警告，在 ERC 报表文件中会出现警告信息；单击该方块，修改为红色，则表示这种连接会产生错误，在 ERC 报表文件中会出现错误信息。

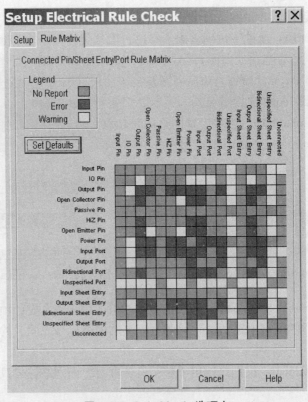

图 3.64　Rule Matrix 选项卡

（3）设置忽略 ERC 检查测试点

有些元件的引脚在电路中可能不需要用到，因此没有连接。为了避免在检查时出现"Floating input pins"类型的错误，在绘制电路原理图的时候可以将没有使用的元件引脚标上"No ERC"标识，表示该引脚不进行 ERC 检查。放置"No ERC"标识的方法是使用 Wiring Tools（布线工具栏）中的图标，或是执行菜单命令【Place|Directive|No ERC】，然后在需要添加"No ERC"标识的位置单击完成添加。

9．网络表相关说明

（1）Preferences 各选项卡含义

图 3.20 所示的 Netlist Creation 对话框中 Preferences 选项卡中各选项的含义说明如下。

① Output Format：设置生成网络表的格式。

② Net Identifier Scope：设置电路图中网络标号和端口的作用范围，本项只对层次原理图有效。它有以下 3 种选择。

- Net Labels and Ports Global：网络标号和端口适用于整个设计项目，即全局有效。表示在整个设计项目的所有电路图中，只要是同名的网络标号，或同名的端口，都被认为是相互连接的。

- Only Ports Global：仅端口适用于整个设计项目，而网络标号只在各自的电路图中有效。

- Sheet Symbol/Port Connections：端口仅与其上层电路的方块图接口相连，与其他电路图同名的端口并没有连接关系。该选项可以认为网络标号和端口均只在各自的电路图中有效。

③ Sheets to Netlist：设置生成网络表的电路图范围。它有以下 3 种选择。

• Active sheet：只对当前打开的电路图文件产生网络表。

• Active project：对当前打开电路图所在的整个项目产生网络表。

• Active sheet plus sub sheets：对当前打开的电路图及其子电路图产生网络表。

④ Append sheet numbers to local nets：生成网络表时，自动将原理图编号附加到网络名称上。

⑤ Descend into sheet parts：对电路图式元件的处理方法。

⑥ Include un-named single pin net：确定对电路中没有命名的单个元件，是否将其转换为网络。

（2）网络表格式

网络表文件中的内容包含元件描述和网络连接描述两部分。

① 元件描述

元件描述记录了原理图中每个元件的基本信息，包括元件的编号、封装形式、元件类型或大小等内容，每一对方括号包含了一个元件信息，其数目与元件个数相等。元件描述的格式如下：

[	元件声明开始
R1	元件标号
AXIAL0.3	元件封装形式
1K	元件标注
]	元件声明结束

② 网络连接描述

网络连接描述描述了原理图中各个元件的连接关系，每一对圆括号中包含了彼此之间相连的各个电气节点的名称，并会根据元件引脚的信息自动赋予这一组电气节点一个名称，作为一个电气网络。所有与该网络具有电气连接关系的电气节点都会包含在该网络中，不会多也不会少。网络连接描述的格式如下：

(	网络定义开始
NetS1_2	网络名称
R1_2	元件标号为 R1 的第 2 个引脚为该网络的一个电气节点
S1_2	元件标号为 S1 的第 2 个引脚为该网络的一个电气节点
U1_1	元件标号为 U1 的第 1 个引脚为该网络的一个电气节点
)	网络定义结束

10. 使用绘图工具

为了使设计的原理图更容易理解，设计者往往需要在图中增加一些文字或图形，辅助说明电路的功能、信号流向等，也便于日后设计者再来阅读或修改电路，或者，出于美观的考虑，也可对原理图做一些修饰。为此，Protel 99 SE 提供了丰富的绘图工具。另外，这些文字或图形均不具有电气特性，在做电气规则 ERC 检查和产生网络表时，不产生任何影响。

（1）绘图工具栏简介

选择菜单命令【View|Toolbars|Drawing Tools】或单击主工具栏上的图标 可以打开或

图 3.65　DrawingTools 工具栏

关闭绘图工具栏，如图 3.65 所示。Protel 99 SE 中的绘图功能，都体现在 Drawing Tools 工具栏中。绘图工具栏是取用绘图工具最简便的方法。另外，还可以通过【Place】菜单或者使用快捷命令取用绘图工具。表 3.2 简单说明了绘图工具栏按钮、功能及其对应的快捷命令。

表 3.2　　　　　　　　　　绘图工具栏按钮及其功能

绘 图 工 具	绘图工具功能	快 捷 命 令
	绘制直线	P+D+L
	绘制多边形	P+D+P
	绘制椭圆弧（圆弧）线	P+D+I
	绘制曲线	P+D+B
T	放置注释文字	P+T
	放置文本框	P+F
	绘制矩形	P+D+R
	绘制圆角矩形	P+D+O
	绘制椭圆（圆）	P+D+E
	绘制饼图	P+D+C
	插入图片	P+D+G
	阵列粘贴	E+Y

（2）绘制直线

绘制直线的方法与绘制导线的操作类似。利用绘制直线工具可以绘制一段直线，也可以绘制由多段直线组成的折线。

① 单击 Drawing Tools 工具栏的 ／ 按钮后，光标变成十字形。

② 移动光标到合适位置单击鼠标左键确定直线的起始点。

③ 移动鼠标拖曳线头到直线的终点，单击鼠标左键确定直线的终点，然后单击鼠标右键以退出本直线的绘制。此时，按【Tab】键，显示如图 3.66 所示的 PolyLine 属性对话框。PolyLine 属性设置对话框中各选项的含义如下。

- Line Width：线宽，共有 4 种线宽，分别为 Smallest、Small、Medium、Large。
- Line Style：线型，共有 3 种线型，分别为 Solid（实线）、Dashed（虚线）、Dotted（点线）。
- Color：直线的颜色。
- Selection：确定直线是否选中。

要点提示： 若需绘制折线，只要在拖曳过程中在线段转折的地方依次单击鼠标左键确

74

认转折点即可。

④ 上述直线完成后，系统仍处于绘制直线状态，光标呈十字形，可以接着绘制下一条直线。如不再绘制新的直线，则可再次单击鼠标右键或按【Esc】键退出。

（3）放置文字标注

在原理图中加上适当的文字标注可增强电路的可读性，让用户更易于理解。

① 使用菜单命令【Place|Annotation】或单击绘图工具栏上的**T**按钮，鼠标指针旁边会出现一个大十字和一个虚线框。按下【Tab】键，系统弹出 Annotation 属性对话框，如图 3.67 所示。Annotation 属性对话框中各项含义如下。

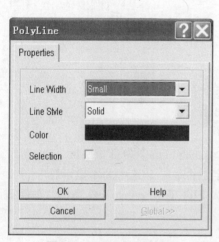

图 3.66　PolyLine 对话框

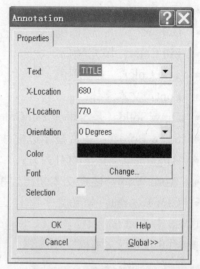

图 3.67　Annotation 对话框

- Text：文字标注内容。
- X-Location、Y-Location：文字标注的位置。
- Orientation：文字标注的方向，共有 4 种方向，分别为 0 Degrees（0 度）、90 Degrees（90 度）、180 Degrees（180 度）、270 Degrees（270 度）。
- Color：文字标注的颜色。
- Font：可以设置文字标注的字体和字号。
- Selection：确定文字标注是否处于选中状态。

② 在 Text 属性中输入文字标注内容，并设置好其他属性，单击【OK】按钮。

③ 此时文字标注仍处于浮动状态，在适当位置单击鼠标左键即放置好。

④ 系统仍处于放置文字标注状态，单击鼠标左键可继续放置，单击鼠标右键退出放置状态。如果文字标注的最后一位是数字，继续放置时数字会自动加 1。

要点提示：用鼠标左键单击已放置的文字标注以选择该对象（字符串被虚线包围），然后再单击一次可直接修改字符串的内容。

（4）放置文本框

"放置文字标注"功能与"放置文本框"功能的不同之处是，前者只能一次放置一行文字，而后者可以一次放置多行文字。

① 用鼠标左键单击 Drawing Tools 工具栏的 ▣ 按钮，光标变成十字形，并且带着一个虚线框。

② 在合适位置单击鼠标左键两次分别确定文本框的两个对角位置，以确定文本框的大小。此时文本框内出现"Text"字符串。

③ 放置文本框动作完成前按下【Tab】键，或者放置完成后用鼠标左键双击"Text"字符串，系统将弹出文本框属性对话框 Text Frame，如图 3.68 所示。Text Frame 属性对话框中各主要选项含义如下。

- Text：编辑文字。单击右边的【Change】按钮编辑文字。
- Border Width：边框宽度。
- Border Color：边框颜色。
- Fill Color：填充颜色。
- Text Color：文本颜色。
- Font：文本字体。
- Draw Solid：是否填充 Fill Color 选项中设置的颜色，选中表示填充。
- Show Border：是否显示边框线，选中表示显示。
- Alignment：文字的对齐方式。
- Word Wrap：确定文本超出边框时是否自动换行。选中为自动换行。
- Clip To Area：如果文字超出了边框，确定是否显示，选中为不显示。

④ 单击 Text 属性右边的【Change】按钮进入 Edit TextFrame Text 窗口，如图 3.69 所示。此时即可进行文本框文字编辑。

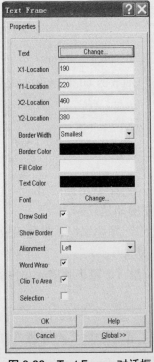

图 3.68　Text Frame 对话框

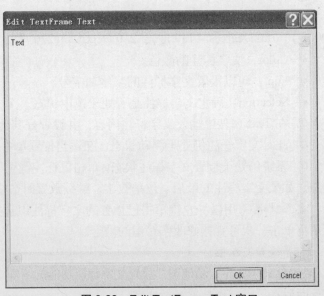

图 3.69　Edit TextFrame Text 窗口

（5）绘制矩形或圆角矩形

矩形或圆角矩形的命令不同，但操作方法相同，下面以矩形绘制的过程说明具体步骤。

① 用鼠标左键单击 Drawing Tools 工具栏的▨按钮（圆角矩形为▨按钮），光标变成十字形，且十字光标上带着一个与前次绘制相同的浮动矩形。

② 移动光标至合适位置，单击鼠标左键确定矩形的一个角的位置，然后光标会自动跳到矩形的对角位置，移动鼠标选择好矩形的大小和位置后，单击鼠标左键，则放置好一个矩形。

③ 重复上一步可继续绘制其他的矩形，若想结束该功能，可单击鼠标右键或按【Esc】键。

④ 在放置的过程中按下【Tab】键，或双击已放置好的矩形，可弹出属性对话框，其含义可参考文本框的属性对话框。

（6）绘制多边形

以图 3.70 所示的 5 顶点多边形为例，介绍多边形的绘制方法。

① 单击【Drawing Tools】工具栏的▨图标，光标变成十字形。

② 依次在顶点 1、2 处单击左键，再将光标移动到顶点 3 处，此时，出现一个灰色的三角形，随后依次在顶点 3、4 和 5 处单击单击鼠标左键，即可绘制出所需的多边形。

③ 绘制完毕，单击鼠标右键，自动进入下一个绘制状态。

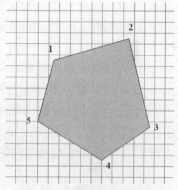

图 3.70　绘制好的多边形

④ 此时可继续绘制其他多边形，最后连续单击鼠标右键两次退出绘制状态。

（7）绘制椭圆弧线

绘制椭圆弧线的过程比较复杂，需要确定椭圆的圆心、横向半径、纵向半径、弧线的起点和终点位置。

① 单击 Drawing Tools 工具栏的▨图标，光标变成十字形。

② 在合适位置单击鼠标左键，确定椭圆圆心，然后光标自动跳到椭圆横向的圆周顶点。

③ 移动光标，在合适位置单击鼠标左键，确定横向半径长度，然后光标自动跳到椭圆纵向的圆周顶点。

④ 移动光标，在合适位置单击鼠标左键，确定纵向半径长度，然后光标自动跳到椭圆弧线的一端。

⑤ 在合适位置单击鼠标左键，确定椭圆弧线的起点，然后光标自动跳到椭圆弧线的另一端。

⑥ 在合适位置单击鼠标左键，确定椭圆弧线的终点。

⑦ 至此，一个完整的椭圆弧线绘制完成，同时自动进入下一个绘制过程。单击鼠标右键退出绘制状态。

图 3.71 所示为绘制椭圆弧线的过程。

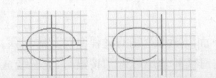 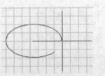

（a）确定圆心　（b）确定横向半径　（c）确定纵向半径　（d）确定弧线起点　（e）确定弧线终点

图 3.71　绘制椭圆弧线过程

（8）绘制圆弧线

在椭圆弧线的绘制中将横向半径与纵向半径设置为相同参数，即可绘制圆弧线。

此外，Protel 99 SE 还提供了专门的菜单命令【Place|Drawing Tools|Arcs】用于绘制圆弧线。

① 执行菜单命令【Place|Drawing Tools|Arcs】，光标变成十字形，且十字光标上带着一个与前次绘制相同的浮动圆弧线。

② 在合适位置单击鼠标左键，确定圆心，然后光标自动跳到圆周顶点。

③ 移动光标，在合适位置单击鼠标左键，确定半径长度，然后光标自动跳到圆弧线的一端。

④ 在合适位置单击鼠标左键，确定圆弧线的起点，然后光标自动跳到圆弧线的另一端。

⑤ 在合适位置单击鼠标左键，确定圆弧线的终点。

⑥ 至此，一个完整的圆弧线绘制完成，同时自动进入下一个绘制过程。单击鼠标右键退出绘制状态。

图 3.72 所示为绘制圆弧线的过程。

　　　　　　　　　　　　　　　　　　　　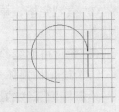

（a）确定圆心　　　　（b）确定半径　　　　（c）确定弧线起点　　　（d）确定弧线终点

图 3.72　绘制圆弧线过程

（9）绘制椭圆（圆）图形

椭圆（圆）的绘制步骤与绘制椭圆弧（圆弧）的第①、②步相同，不再赘述。其功能按钮为 Drawing Tools 工具栏的 ⬭ 图标。

（10）绘制饼图

绘制一个饼图共需单击鼠标左键 4 次，分别用来确定饼图的圆心、半径及两个端点位置，如图 3.73 所示。其具体操作如下。

① 单击 Drawing Tools 工具栏的 ◔ 按钮进入绘制饼图工作状态，光标变成十字形，并且带着一个上次画的饼图。

② 移动光标到合适位置单击鼠标左键确定饼图的圆心，此时光标自动跳到圆周上。

③ 选择合适的半径后单击鼠标左键确认半径，光标自动跳到饼图的起点处。

④ 移动光标到适当位置后单击鼠标左键以确认起点，光标将跳至饼图的终点处。

⑤ 移动光标到合适位置单击鼠标左键确认终点。

⑥ 至此，一个完整的饼图绘制完成，同时自动进入下一个绘制过程。单击鼠标右键退出绘制状态。

图 3.73 所示为绘制饼图的过程。

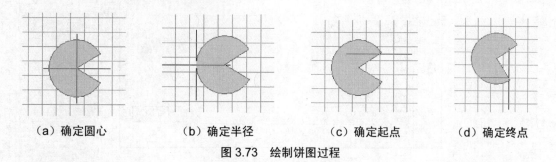

（a）确定圆心　　　　　（b）确定半径　　　　　（c）确定起点　　　　　（d）确定终点

图 3.73　绘制饼图过程

（11）绘制曲线

绘制一段曲线共需单击鼠标左键 4 次。使用该工具可画出两类不同形式的曲线。

曲线的绘制步骤如下。

① 单击 Drawing Tools 工具栏的 ∿ 按钮，光标变成十字形。

② 通过单击鼠标左键依次在图纸上确定 1、2、3、4 位置，如图 3.74 所示。

③ 单击鼠标右键，曲线绘制完毕。

④ 此时，光标仍为十字形，可以接着绘制下一曲线，如不再绘制曲线，则可再次单击鼠标右键或按【Esc】键退出。

⑤ 单击曲线，选中后可以通过拖曳控制点修改曲线形状。

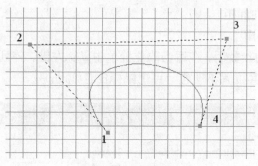

图 3.74　绘制曲线

（12）插入图片

在原理图中还可以插入图片内容。Protel 99 SE 支持的图形文件类型有位图文件（扩展名为 BMP、DIB、RLE）、JPEG 文件（扩展名为 JPG）、图片文件（扩展名为 WMP）。

① 单击 Drawing Tools 工具栏的 ▣ 图标，系统弹出图片文件选择对话框，如图 3.75 所示。

② 选择文件后单击打开按钮，此时光标变成十字形，并有一矩形框随光标移动。

③ 单击鼠标左键确定图片的左上角。

④ 在右下角单击鼠标左键，即放置好一张图片，并自动进入下一放置过程。

⑤ 单击鼠标右键退出放置状态。

图 3.75　图片文件选择对话框

（13）粘贴文本阵列

粘贴文本阵列功能可一次复制出多个相同的对象。

① 通过复制或剪切将欲粘贴的文本或图片复制到剪贴板上。

② 单击 Drawing Tools 工具栏的▦▦▦按钮，系统将弹出 Setup Paste Array（启动阵列粘贴）对话框，如图 3.76 所示。对话框中各选项说明如下。

- Placement Variables：放置变量选项卡。
  - Item Count：文本阵列数量。
  - Text：标号增量。
- Spacing：间距设置选项卡。
  - Horizontal：横向间距。
  - Vertical：纵向间距。

③ 设置好对话框的参数后，在适当的位置单击鼠标左键，阵列粘贴完成。粘贴后的文本处于被选择状态，若其位置不理想，可用鼠标任意拖动。

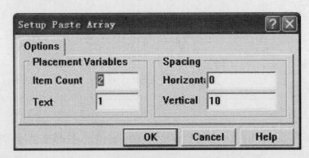

图 3.76　Setup Paste Array 对话框

11.　原理图打印

设计好的原理图可以打印输出，便于设计人员参考。

① 打开一个原理图文件。

② 执行菜单命令【File|Setup Printer】，系统弹出 Schematic Printer Setup 对话框，如图 3.77 所示。对话框中各选项说明如下。

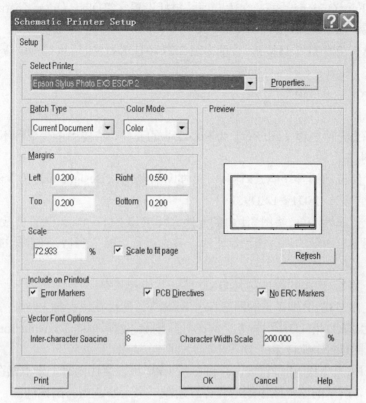

图 3.77 Schematic Printer Setup 对话框

- Select Printer：选择打印机，可以从下拉列表中选中安装的打印机。
- Batch Type：选择准备打印的电路图文件，有两个选项。
- Current Document：打印当前原理图文件。
- All Documents：打印当前原理图文件所属项目的所有原理图文件。
- Color Mode：打印颜色设置，有两个选项。
- Color：彩色打印输出。
- Monochrome：单色打印输出，即按照色彩的明暗度将原来的色彩分成黑白两种颜色。
- Margin：设置页边空白宽度，默认单位是 Inch（英寸），共有 4 种页边空白宽度，分别为 Left（左）、Right（右）、Top（上）、Bottom（下）。
- Scale：设置打印比例，范围是 0.001%～400%。
- Scale to fit Scale：该复选框的功能是自动充满页面，如果选中了该项，则系统会根据原理图大小，位置以及打印纸张尺寸等自动设置缩放比例，打印比例设置将不起作用。
- Preview：打印预览。若改变了打印设置，单击【Refresh】按钮，可更新预览结果。

- Properties：单击此按钮，系统将弹出打印设置对话框。
- Include on Printout：选择是否打印选项中的内容，包括错误标识（Error Markers）、PCB 布线指示（PCB Directives）和不显示 ERC 标识（No ERC Marker）。
- Vector Font Options：矢量字体选项，包括设置字符间距（Inter-Character Spacing）和字符宽度比例（Character Width Scale）。

③ 单击图 3.77 中【Print】按钮，或单击图 3.77 中【OK】按钮后执行菜单命令【File|Print】，即可开始打印。

【练一练】

① 给定一个元件名称（Lib Ref）为 MC4558 的元件，请使用至少 3 种不同的元件查找方法将其查找出来。

② 利用元件自动编号功能，对图 3.1 中的元件标号（Designator）为 VD1～VD9 的发光二极管重新编号为 LED1～LED9。

③ 利用元件属性清单，将图 3.1 中的元件 R1～R13 的 Footprint 属性修改为 AXIAL0.4。

④ 在如图 3.1 所示的原理图绘制正确，并且运行 ERC 已经没有错误的情况下，做以下练习：

a．将与开关 S1 连接的接地符号 GND 移开并让其悬空。

b．删除元件 U8A 引脚 7 上的网络标号 RESET，然后在该引脚上放置一个文本标注。

c．将 U6 引脚 11 和 U3B 引脚 4 之间的导线删除，然后单击 Drawing Tools 工具栏的画直线 ╱ 按钮，将 U6 引脚 11 和 U3B 引脚 4 之间连接起来。

d．运行 ERC，生成 ERC 报表，仔细分析 ERC 报表文件内容，定点错误并更正错误。

⑤ 在图 3.1 所示的原理图中的适当位置绘制一个大小适当的圆或椭圆，并在其中放置一个文本框，文本框的内容为"拔河游戏机整机原理图"，文本颜色为红色，字形为粗体，字号为小四。

项目四　原理图元件库编辑

【项目内容】

1. 创建新元件

创建一个新的原理图元件库文件，并在该元件库中创建一个新的三极管元件 NPN，如图 4.1 所示。

2. 根据已有元件绘制新元件

利用 Miscellaneous Devices.Lib 中的 LED 数码显示管元件 DPY_7-SEG_DP，在上述创建的原理图元件库文件中绘制一个如图 4.2 所示的 LED 数码显示管元件 MY_LED。

图 4.1　NPN 三极管　　　　　图 4.2　MY_LED 数码显示管

3. 绘制复合元件中的不同单元

在上述创建的原理图元件库文件中绘制一个如图 4.3 所示的复合元件 74LS00。图 4.3 中元件标号中的 A、B、C、D 分别表示第几个单元。

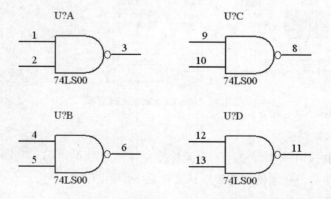

图 4.3　74LS00 与非门

【项目目标】

(1) 了解元件库编辑器的界面。

(2) 掌握绘图工具栏的使用。

(3) 掌握创建元件库文件并创建新元件。

(4) 掌握根据已有元件绘制新元件。

(5) 掌握复合元件的绘制。

(6) 掌握元件报表的产生方法。

【操作步骤】

1. 创建新元件

创建一个如图 4.1 所示的三极管元件。

(1) 新建原理图元件库文件

① 打开或新建一个设计数据库文件

打开一个现有的设计数据库文件，或者建立一个新的设计数据库文件，并打开该设计数据库文件。

② 建立元件库文件

a. 打开 Documents 文件夹，在工作窗口的空白处单击鼠标右键，在弹出的快捷菜单中选择【New】命令，系统弹出 New Document 对话框。

b. 在 New Document 对话框中选择 Schematic Library Document 图标，如图 4.4 所示。

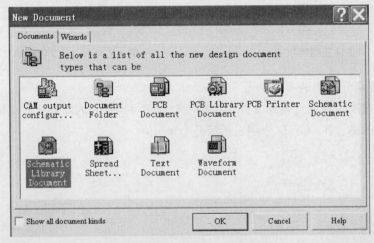

图 4.4　New Document 对话框

c. 单击【OK】按钮。

d. Documents 文件夹中建立了一个元件库文件，如图 4.5 所示，这时可重新命名或使用系统默认的文件名。在此使用系统默认文件名 Schlib1.Lib。

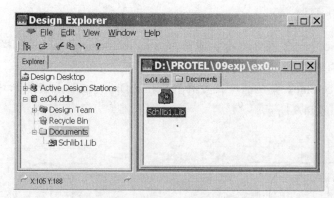

图 4.5 新建一个元件库文件

（2）绘制元件

① 打开元件库文件

单击文件管理器中的元件库文件 Schlib1.Lib，进入原理图元件库编辑器界面。

② 修改元件名

在文件管理器中选择 Browse SchLib 选项卡，如图 4.6 所示。在新建的元件库中已有一个名为 Component_1 的元件，执行【Tools|Rename Component】菜单命令，将元件名改为NPN，如图 4.7 所示。

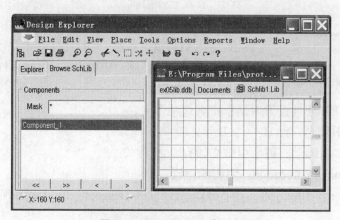

图 4.6 Browse Sch 选项卡

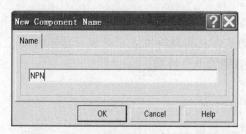

图 4.7 New Component Name 对话框

③ 绘制元件外形

a．放大工作窗口到适当的程度，并执行菜单命令【Edit|Jump|Origin】，将光标定位到

原点处。

b．执行【Place|Arcs】菜单命令，或单击 SchLibDrawingTools 工具栏中的 按钮，在工作区原点附近的第四象限绘制圆弧，如图 4.8 所示。

c．执行【Place|Line】菜单命令，或单击 SchLibDrawingTools 工具栏中的 按钮，在圆弧内绘制直线，如图 4.9 所示。

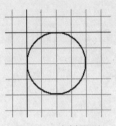

图 4.8　绘制圆弧

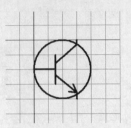

图 4.9　绘制直线

要点提示：元件的外形只用来帮助理解元器件的功能，完全不必担心因元件外形的线条没有对准栅格而造成绘制原理图时出现电气连接错误的问题。另外，为了方便绘制任意角度和任意长度的线段，此时最好取消捕捉栅格。方法是在元件库编辑界面下，执行菜单命令【Options|Document Options】，在出现的对话框中不要选中 Grids 选项组中的 Snap 选项。

④　放置元件引脚

a．执行【Place|Line】菜单命令，或单击绘图工具中的 按钮，进入引脚放置状态，此时元件处于浮动状态，如图 4.10 所示。按下【Tab】键，出现 Pin（引脚属性设置）对话框，如图 4.11 所示。

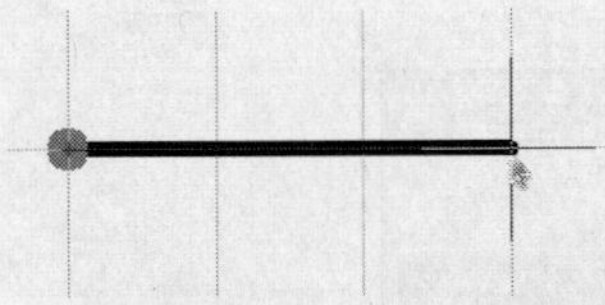

图 4.10　浮动的引脚

要点提示：Pin 属性设置对话框中各选项含义。

- Name：引脚名，如 B、C、E 等。
- Number：引脚号。每个引脚必须有，如 1、2、3。
- X-Location、Y-Location：引脚的位置。
- Orientation：引脚方向。共有 0 Degrees、90 Degrees、180 Degrees、270 Degrees 这 4 个方向。
- Color：引脚颜色。
- Dot Symbol：引脚是否具有反相标志。√表示显示反相标志。
- Clk Symbol：引脚是否具有时钟标志。√表示显示时钟标志。
- Electrical Type：引脚的电气性质。
  - Input：输入引脚。
  - IO：输入/输出双向引脚。
  - Output：输出引脚。
  - Open Collector：集电极开路型引脚。
  - Passive：无源引脚（如电阻电容的引脚）。
  - HiZ：高阻引脚。

- Open Emitter：射极输出。
- Power：电源（如 VCC 和 GND）。
- Hidden：引脚是否被隐藏，√表示隐藏。
- Show Name：是否显示引脚名，√表示显示。
- Show Number：是否显示引脚号，√表示显示。
- Pin Length：引脚的长度。
- Selection：引脚是否被选中。

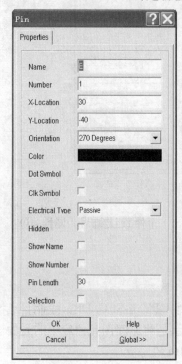
（a）引脚 E

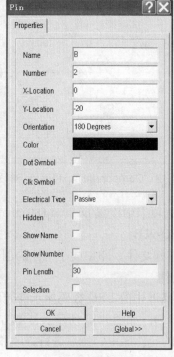
（b）引脚 B

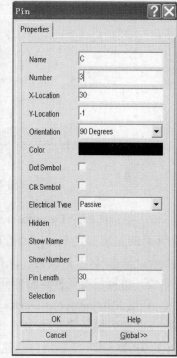
（c）引脚 C

图 4.11　Pin 对话框

　　b. 按图 4.11（a）所示设置好引脚 E 的属性 Name、Number 和 Electrical Type，单击【OK】按钮，此时引脚仍处于浮动状态，可按空格键旋转元件的方向、按【X】键使元件水平翻转、按【Y】键使元件垂直翻转。调整好元件方向后，将引脚移动到合适的位置，单击鼠标左键，即可放置好引脚，按右键退出引脚放置状态。

　　要点提示： 在放置引脚时应注意，引脚具有圆点的端子为电气连接点，应朝外放置，将不具有电气特性的一端（即光标所在的一端）与元件图形相连。否则，将导致元件的电气连接无效。另外应该注意，必须将引脚放置在电气栅格上，否则会给原理图连线造成不必要的麻烦。此时最好设置捕捉栅格。方法是在元件库编辑界面下，执行菜单命令【Options|Document Options】，在出现的对话框中选中 Grids 选项组中的 Snap 选项。

　　c. 按上述步骤分别放置好引脚 B 和引脚 C。其中，引脚 B 和引脚 C 的属性设置分别如图 4.11（b）和图 4.11（c）所示。

⑤ 输入元件描述

a．执行菜单命令【Tools|Description】，或单击 Browse SchLib 选项卡中 Group 窗口下面的 Description 按钮，系统弹出 Component Text Fields 对话框，如图 4.12 所示。

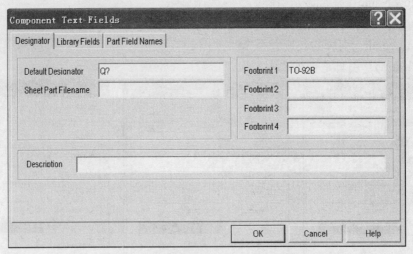

图 4.12 Component Text Fields 对话框

b．在对话框的 Designator 选项卡中设置 Default Designator（元件默认编号）属性：Q?和元件的封装形式 Footprint：TO-92B。

c．单击【OK】按钮，保存好文件，即完成了元件的创建。

2．根据已有元件绘制新元件

利用 Miscellaneous Devices.Lib 中的 LED 数码显示管元件 DPY_7-SEG_DP，绘制自己的 LED 数码显示管元件 MY_LED，如图 4.13 所示。基本方法是将原理图元件库中的元件 DPY_7-SEG_DP 复制到自己建的元件库中，然后进行修改和命名。

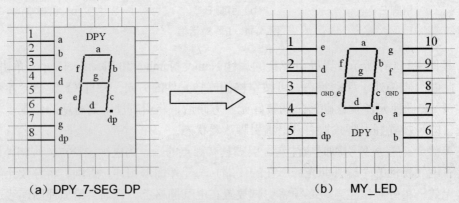

(a) DPY_7-SEG_DP   (b) MY_LED

图 4.13 DPY_7-SEG_DP 与 MY_LED 元件

（1）在元件库文件中新建元件 MY_LED

① 单击文件管理器中的元件库文件 Schlib1.Lib，进入原理图元件库编辑器界面。

② 执行菜单命令【Tools|New Component】或单击绘图工具栏的 ▣ 图标，出现 New

Component Name 对话框，如图 4.14 所示，将元件名改为 MY_LED 后，进入编辑画面，如图 4.15 所示。

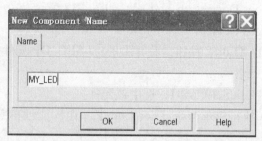

图 4.14 New Component Name 对话框

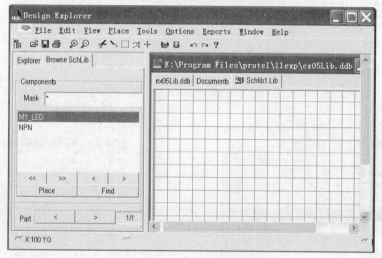

图 4.15 MY_LED 元件编辑窗口

（2）新建一个原理图文件

为了进行元件复制，需要加载元件库，因此，在上述创建的设计数据库文件中新建一个原理图文件，以便进行元件库的加载。

① 单击文件管理器中的 Explorer 选项卡，切换到文档管理界面。

② 在 Documents 文件夹中新建一个原理图文件 Sheet1.Sch，如图 4.16 所示。

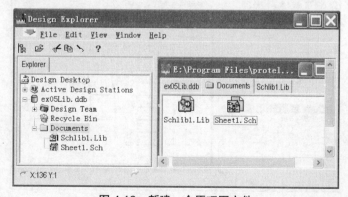

图 4.16 新建一个原理图文件

（3）元件的复制与粘贴

① 打开原理图文件 Sheet1.Sch。

② 加载 Miscellaneous Devices.lib 元件库，如图 4.17 所示。

③ 选择 Miscellaneous Devices.lib 中的 DPY_7-SEG_DP 元件，如图 4.18 所示。

④ 单击图 4.18 中的【Edit】按钮，打开 DPY_7-SEG_DP 元件的编辑界面，如图 4.19 所示。

⑤ 执行菜单命令【Edit|Select|All】，选中该元件。

⑥ 进行复制操作。执行菜单命令【Edit|Copy】，用十字光标在元件图形上单击鼠标左键确定粘贴时的参考点。

⑦ 单击主工具栏上的 ⊠ 按钮，取消元件的选中状态后，关闭 Miscellaneous Devices.lib 文件，返回文档管理界面。

图 4.17　加载元件库

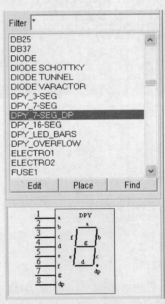

图 4.18　选择元件

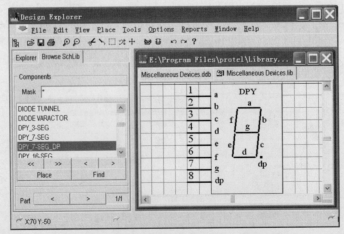

图 4.19　DPY_7-SEG_DP 元件的编辑界面

⑧ 将当前编辑画面切换到自己的原理图元件库文件 Schlib1.Lib，如图 4.15 所示。

⑨ 单击主工具栏上的 按钮，进行粘贴，在第四象限靠近中心的位置放置粘贴的元件图形，粘贴后取消选中状态，如图 4.20 所示。

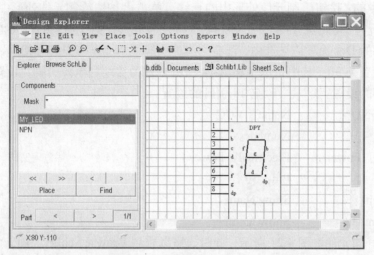

图 4.20 粘贴到自己的元件库的 DPY_7-SEG_DP 元件

（4）修改和放置引脚

① 按照图 4.2 所示，对元件引脚进行修改。拖动引脚将引脚放到适当的位置；在引脚上按住鼠标左键后按空格键可旋转引脚方向、按【X】或【Y】键可翻转引脚；修改好各引脚的 Name、Number 等属性。

② 增加引脚 9、10，设置好其对应的属性；注意到复制过来的元件为每个引脚单独放置了一个文字标注，因此，也为引脚 9、10 放置相应的文字标注。

③ 由于为每个引脚放置了标注，可以在每个引脚的属性对话框中去掉 Show Name 选项旁的√，隐藏引脚的引脚名。

（5）输入元件描述

① 执行菜单命令【Tools|Description】，或单击 Browse SchLib 选项卡中 Group 窗口下面的【Description】按钮，系统弹出 Component Text Fields 对话框，如图 4.12 所示。

② 在对话框的 Designator 选项卡中设置 Default Designator（元件默认编号）属性：DS？，由于没有合适的元件封装，因此封装形式 Footprint 暂时不填，在后续的项目中将为该元件设计合适的封装。

③ 保存好文件。至此，元件绘制完毕。

3. 绘制复合元件中的不同单元

复合元件中各单元的元件名相同，图形相同，只是引脚号不同。下面绘制如图 4.3 所示的复合元件。

（1）在元件库文件中新建元件 74LS00

① 单击文件管理器中的元件库文件 Schlib1.Lib，进入原理图元件库编辑器界面。

② 执行菜单命令【Tools|New Component】，在 New Component Name 对话框中将元件

名改为 74LS00 后，进入编辑画面。

（2）绘制第一单元

① 在工作区原点附近的第四象限开始绘制元件的第一个单元。单击 SchLibDrawing Tools 工具栏中的╱按钮绘制元件外形中的直线，单击⌒按钮绘制元件外形中的圆弧。

② 放置元件引脚。第 1、第 2 引脚的电气特性为 Input，第 3 引脚的电气特性为 Output，并且第 3 引脚的 Dot 选项应被选中，所有引脚的引脚名 Name 与引脚号相同，可以不设置，引脚长度都设置为 30。其中，第 7 和第 14 引脚分别为接地和电源引脚，设置如下。

第 7 引脚的设置：　　　　　　第 14 引脚的设置：

Name：GND　　　　　　Name：VCC

Number：7　　　　　　Number：14

Electrical：Power　　　　Electrical：Power

Pin：30　　　　　　　　Pin：30

Show Name：✓　　　　　Show Name：✓

Show Number：✓　　　　Show Number：✓

③ 绘制好的元件如图 4.21 所示。此时，可以看到 Browse Schlib 选项卡中 Part 区域内的显示为 1/1，说明此时 74LS00 只有一个单元。

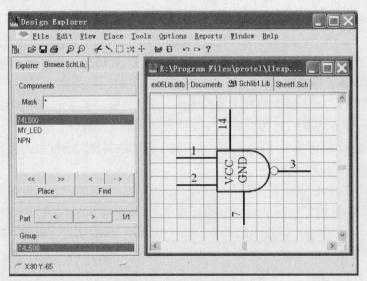

图 4.21　74LS00 第一单元

④ 保存好文件。至此，元件绘制完毕。

（3）绘制其他单元

① 单击绘图工具栏中的⬚按钮，或执行菜单命令【Tools|New Part】，编辑窗口出现一个新的编辑画面，此时可以看到 Browse SchLib 选项卡中的元件名仍为 74LS00，而 Part 区域内显示为"2/2"，表示现在 74LS00 这个元件共有 2 个单元，现在显示的是第二单元。

② 按照上述绘制第一单元的方法绘制第二单元，也可将第一单元的图形复制过来，修改引脚名与引脚号。

③ 重复上述步骤，绘制第三、第四单元。

④ 单击 Part 区域中的 ‹ | › 按钮，可以在各个单元之间切换。打开各单元中的 VCC 和 GND 引脚的属性对话框，选中引脚属性对话框中的 Hidden 选项，将各单元中的 VCC 和 GND 设置为隐藏引脚。

要点提示： 在原理图中放置元件时，只有当元件属性设置对话框中的 Hidden Pins 属性被选中时，隐藏引脚才显示出来。

（4）输入元件描述

① 执行菜单命令【Tools|Description】，或单击 Browse Schlib 选项卡中 Group 窗口下面的【Description】按钮，系统弹出 Component Text Fields 对话框，如图 4.12 所示。

② 在对话框的 Designator 选项卡中设置 Default Designator（元件默认编号）属性：U? 和元件的封装形式 Footprint：DIP-14。

③ 保存好文件。至此，元件绘制完毕。

4. 生成元件报表

Protel 99 SE 提供了元件报表功能，能够对新创建的元件信息进行多种统计输出。

（1）元件报表（Component Report）

元件报表（Component Report）可以对当前元件的基本信息进行汇总。

① 在元件库编辑器中，选择元件 MY_LED。

② 选择【Reports|Component】菜单命令，生成元件报表 Schlib1.cmp，如图 4.22 所示。

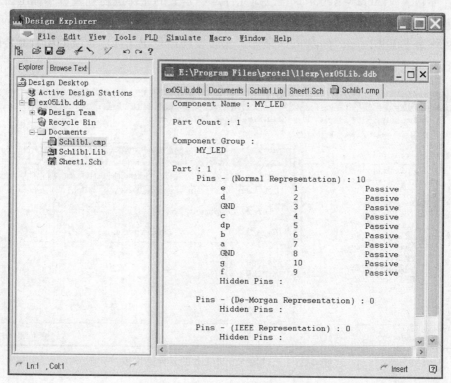

图 4.22　MY_LED 元件的元件报表

要点提示： 元件报表文件 Schlib1.cmp 的具体内容解释如下。

Component Name : MY_LED			//元件名称
Part Count : 1			//部件数
Component Group :			//元件所属的组
MY_LED			
Part : 1			//第 1 个部件的信息
Pins -（Normal Representation）: 10			// Normal 模式中定义的引脚数
e	1	Passive	//以下是各引脚的基本信息
d	2	Passive	//包括名称、编号以及电气特性
GND	3	Passive	
c	4	Passive	
dp	5	Passive	
b	6	Passive	
a	7	Passive	
GND	8	Passive	
g	10	Passive	
f	9	Passive	
Hidden Pins :			//隐藏引脚的个数
Pins -（De-Morgan Representation）: 0			// De-Morgan 模式下的引脚定义
Hidden Pins :			//隐藏引脚的个数
Pins -（IEEE Representation）: 0			// IEEE 模式下的引脚定义
Hidden Pins :			//隐藏引脚的个数

（2）元件库报表（Library Report）

元件库报表（Library Report）可以对元件库中定义的元件进行列表显示输出。

在元件库编辑器中，选择菜单命令【Reports|Library】，即可生成当前元件库 Schlib.Lib 的元件库报表 Schlib1.rep，如图 4.23 所示。报表文件中列出了库中定义的所有元件的名称和描述。

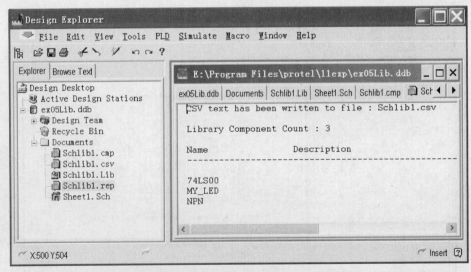

图 4.23　元件库 Schlib.Lib 的元件库报表

（3）元件规则检查表（Library Component Rule Check）

元件规则检查可以避免元件定义中含有错误。

① 在元件库编辑器中，选择【Reports|Component Rule Check】菜单命令，出现如图 4.24 所示的 Library Component Rule Check 对话框。

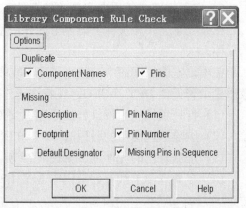

要点提示： Library Component Rule Check 对话框各选项功能说明如下。

- Duplicate 选项组
- Component Names：设置是否检查并报告具有相同名称的元件。
- Pins：设置是否检查并报告具有相同名称的引脚。

- Missing 选项组
- Description：设置是否检查并报告描述缺失。
- Pin Name：设置是否检查并报告引脚缺失。
- Footprint：设置是否检查并报告封装信息缺失。
- Pin Number：设置是否检查并报告引脚编号缺失。
- Default Designator：设置是否检查并报告元件默认编号缺失。
- Missing Pins in Sequence：设置是否检查并报告系列编号缺失。

图 4.24　Library Component Rule Check 对话框

② 设置好如图 4.24 所示的对话框，单击【OK】按钮，即可生成当前元件库 Schlib.Lib 的元件规则检查表 Schlib1.ERR，如图 4.25 所示。如果元件定义存在错误，检查表中会列出有错误存在的元件名称，并会给出错误原因，方便用户进行修改，在设计中可以根据错误提示做相应的处理。

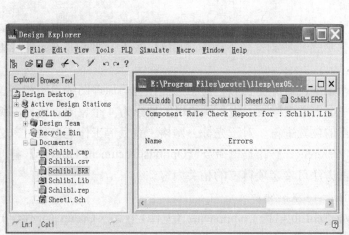

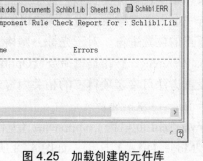

图 4.25　加载创建的元件库

5. 在原理图中使用自己创建的元件

在建立了元件库文件并绘制好元件以后，可以很方便地在原理图文件中使用自己创建的元件。

在项目三的原理图中，使用了 Protel 99 SE 元件库 Miscellaneous Devices.Lib 中的 LED 数码显示管元件 DPY_7-SEG，现将该元件替换为本项目定义的元件 MY_LED。

（1）打开项目三中设计好的原理图文件。

（2）删除原理图中的数码管 DS1 和 DS2。

（3）加载自己的元件库，如图 4.25 所示。

（4）在原理图上放置好数码管 MY_LED 并完成导线绘制，如图 4.26 所示。

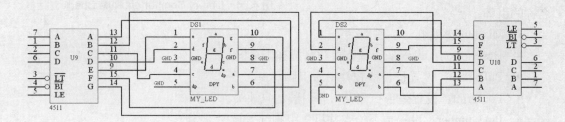

图 4.26　使用自己创建的元件 MY_LED

【相关知识】

1. 元件库编辑界面

Protel 99 SE 提供了丰富的元件库，极大地方便了用户的使用，但由于当前电子器件种类过于繁多，有时用户还是无法从这些库中找到自己想要的元件，比如某种很特殊的元件或新开发出来的元件。在这种情况下，就需要自己建立新的元件库，定义新的元件。Peotel 99 SE 提供了一个功能强大而完整的建立元件的工具库，即原理图元件库编辑程序 Library Editor。

（1）进入元件库编辑界面

打开一个元件库文件（.lib 文件），或是进入文件管理器中选择 Browse Sch 选项卡，从元件浏览区中选择一个元件，单击元件浏览区下面的【Edit】按钮，即可进入元件库编辑界面，如图 4.27 所示。

元件库编辑器界面与原理图编辑器界面相似，其相关操作也与原理图编辑器相同。不过，元件库编辑区的中心有一个十字坐标系，将元件编辑区划分为 4 个象限，元件的编辑通常在第四象限靠近坐标原点的位置进行。对于光标、网格、背景等工作区参数可以分别通过执行菜单命令【Options|Preferences】和菜单命令【Options|Document Options】打开相应对话框进行设置，具体设置方法可参考项目二的相关内容。

（2）元件库浏览选项卡 Browse SchLib

元件库浏览选项卡 Browse SchLib 包括 Components（元件）区域、Group（元件组）区域、Pins（引脚）区域以及 Mode（模式）区域，如图 4.28 所示。

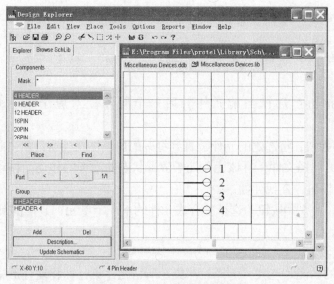

图 4.27　元件库编辑器界面

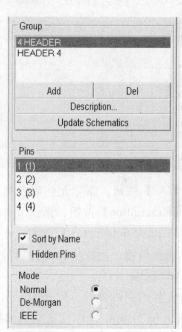

图 4.28　Browse SchLib 选项卡

① Components 区域

Components 区域的主要功能是查找、选择及元件放置，如图 4.28 所示。

● Mask 文本框：元件过滤，可以通过设置过滤条件过滤掉不需要显示的元件。在设置过滤条件中，可以使用通配符"*"和"？"。当文本框中输入"*"时，文本框下方的元件列表中显示元件库中的所有元件。

● ＜＜ 按钮：选择元件库中的第一个元件。对应于菜单命令【Tools|First Component】。单击此按钮，系统在元件列表中自动选择第一个元件，且编辑窗口同时显示这个元件的图形。

- >> 按钮：选择元件库中的最后一个元件。对应于菜单命令【Tools|Last Component】。

- < 按钮：选择当前元件的前一个元件。对应于菜单命令【Tools|Prev Component】。

- > 按钮：选择当前元件的后一个元件。对应于菜单命令【Tools|Next Component】。

- 【Place】按钮：将选定的元件放置到打开的原理图文件中。单击此按钮，系统自动切换到已打开的原理图文件，且该元件处于放置状态随光标的移动而移动。

- 【Find】按钮：查找元件。

- Part 区域： > 按钮为选择复合式元件的下一个单元； < 按钮为选择复合式元件的上一个单元。

② Group 区域

Group 区域的功能是查找、选择元件集。所谓元件集，即物理外形相同、引脚相同、逻辑功能相同，只是元件名称不同的一组元件，如图 4.28 所示。

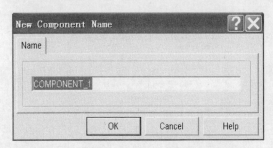

图 4.29　New Component Name 对话框

- 【Add】按钮：在元件集中增加一个新元件。单击【Add】按钮，系统弹出 New Component Name 对话框，如图 4.29 所示。输入新元件名后，单击【OK】按钮，则该元件同时加入到 Components 区域的元件列表和 Group 区域的元件集中。新增加的元件除了元件名不同，与 Group 区域元件集内的所有元件的外形完全相同。

- 【Del】按钮：删除元件集内的元件。同时将该元件从元件库中删除。

- 【Description】按钮：所选元件的描述。

- 【Update Schematics】按钮：更新原理图。如果在元件库中编辑修改了元件符号的图形，单击此按钮，系统将自动更新打开的所有原理图。

③ Pins 区域

所选元件的引脚列表。列表内显示了引脚的名称，括号内是其编号。

- Sort by Name：选中该选项后将按引脚名称对引脚进行排序。否则按引脚编号排序。

- Hidden Pins：选中该选项时将显示隐藏引脚，否则不显示隐藏引脚。

④ Mode 区域

该窗口中提供了 3 种元件模式：正常（Normal）、德-摩根（De-Morgan）和 IEEE 模式，可以为元件针对不同模式分别进行定义，这样在原理图中就可以通过模式选项选择元件的表示模式。

2. 元件绘制工具

在元件库编辑器中，Protel 99 SE 提供了 SchLibDrawingTools 工具栏用于绘制元件。

（1）绘图工具栏简介

选择菜单命令【View|Toolbars|Drawing Tools】或单击主工具栏上的图标 可以打开或

关闭绘图工具栏，如图 4.30 所示。可见，大部分元件绘制工具与原理图中的绘图工具相同，所不同的是增加了 3 个元件库编辑专用工具：▯、⊃ 和 ∠d，分别表示添加元件、添加部件和放置引脚。其具体用法参考操作步骤中的具体使用方法。另外，还可以通过【Place】菜单或者使用快捷命令取用绘图工具。

（2）IEEE 工具栏

Protel 99 SE 的元件库编辑器提供了 IEEE 符号工具栏，这是国际电工委员会推荐的元件绘图工具栏，用来放置有关的工程符号。通过执行菜单命令【View|toolbars|IEEE Toolbar】或单击主工具栏上的 ⊞ 图标，可以打开该工具栏，如图 4.31 所示。其使用方法与一般绘图工具类似。

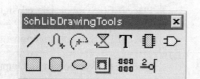

图 4.30　SchLibDrawingTools 工具栏　　　图 4.31　IEEE 符号工具栏

工具栏中提供了 28 种符号，其功能和对应的菜单项列于表 4.1 中。

表 4.1　　　　　　　　　IEEE 工具栏按钮功能及对应的菜单命令

按　　钮	功　　能	菜　单　命　令
○	放置低态触发符号	Place|IEEE Symbols|Dot
←	放置左向信号流	Place|IEEE Symbols|Right Left
▷	放置时钟符号	Place|IEEE Symbols|Clock
⊣	放置低态触发输入符号	Place|IEEE Symbols|Active Low
⌂	放置模拟信号输入触发	Place|IEEE Symbols|Analog Signal
⋇	放置非逻辑连接符号	Place|IEEE Symbols|Not Logic
⌐	放置滞后输出符号	Place|IEEE Symbols|Postponed Out
⌂	放置集电极开路符号	Place|IEEE Symbols|Open Collector
▽	放置高阻态符号	Place|IEEE Symbols|Hiz
▷	放置大电流输出符号	Place|IEEE Symbols|High Current
⊓	放置脉冲符号	Place|IEEE Symbols|Pulse

续表

按　钮	功　　能	菜　单　命　令
⊢⊣	放置延时符号	Place|IEEE Symbols|Delay
]	放置组线符号	Place|IEEE Symbols|Group Line
}	放置二进制组合符号	Place|IEEE Symbols|Group Binary
⊦	放置低态触发输出符号	Place|IEEE Symbols|Active Low Out
π	放置π符号	Place|IEEE Symbols|Pi Symbol
≥	放置大于等于号	Place|IEEE Symbols|Greater Equal
⌘	放置具有提高阻抗的开集性输出符号	Place|IEEE Symbols|Open Collecter P
◇	放置开射极输出符号	Place|IEEE Symbols|Open Emitter
⌵	放置具有电阻节点的开射极输出符号	Place|IEEE Symbols|Open Emitter Pu
#	放置数字信号输入	Place|IEEE Symbols|Digital Signal In
▷	放置反向器	Place|IEEE Symbols|Invertor
◁▷	放置双向符号	Place|IEEE Symbols|Input Output
←	放置左移符号	Place|IEEE Symbols|Shift Left
≤	放置小于等于号	Place|IEEE Symbols|Less Equal
Σ	放置求和符号	Place|IEEE Symbols|Signal
⊓	放置施密特触发符号	Place|IEEE Symbols| Schmitt
→•	放置右移符号	Place|IEEE Symbols| Shift Right

【练一练】

① 图 4.32（a）所示为 Protel DOS Schematic Libraries.ddb 中的 555 元件，利用该元件绘制自己的 555_1 元件，如图 4.32（b）所示，其中的引脚 5 设置为隐藏。

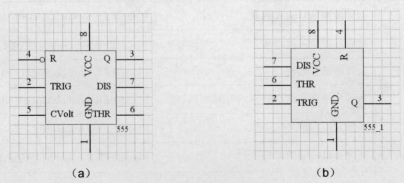

（a）　　　　　　　　　　　　　（b）

图 4.32　绘制 555_1 元件

② 绘制如图 4.33 所示的复合元件 7426，图中的第 7 引脚（接地引脚）和第 14 引脚（VCC 引脚）设置为隐藏。

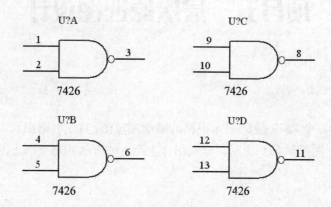

图 4.33 绘制复合元件 7426

项目五　层次原理图设计

【项目内容】

图 5.1 所示为一个 8279 键盘/显示电路的层次原理图。其主电路图和对应的子电路图分别如图 5.1（a）～图 5.1（e）所示，分别用自上而下的方法和自下而上的方法绘制该层次原理图。

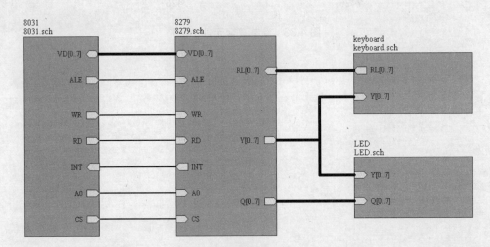

（a）主电路图

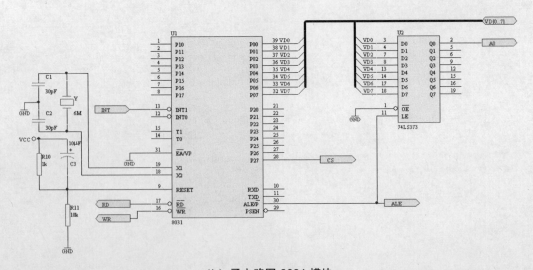

（b）子电路图-8031 模块

图 5.1　8279 键盘/显示电路层次原理图

102

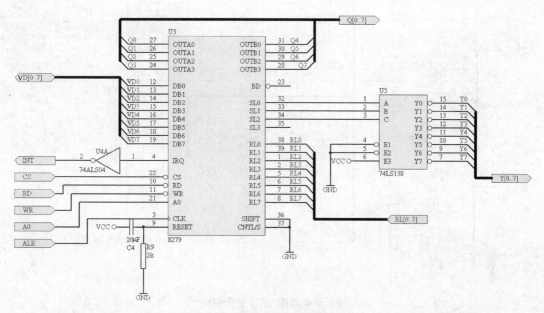

（c）子电路图-8279 模块

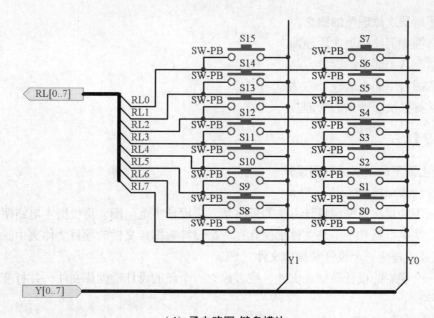

（d）子电路图-键盘模块

图 5.1 8279 键盘/显示电路层次原理图（续）

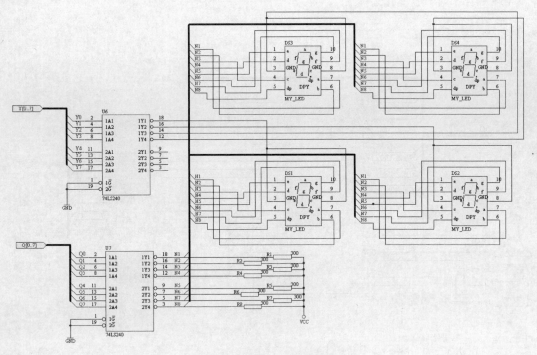

（e）子电路图-LED 显示模块

图 5.1　8279 键盘/显示电路层次原理图（续）

【项目目标】

（1）了解层次原理图的概念。

（2）掌握如何绘制层次原理图。

（3）掌握自上而下的设计方法。

（4）掌握自下而上的设计方法。

（5）掌握层次原理图的管理。

【操作步骤】

1. 自上而下的层次原理图设计

（1）设计主电路图

自上而下的层次原理图设计方法的思路是，先设计主电路图，再根据主电路图设计子电路图。这些主电路和子电路文件都保存在一个设计数据库文件的项目文件夹中。

① 打开或建立一个设计数据库文件

打开一个现有的设计数据库文件，或者建立一个新的设计数据库文件，并打开该设计数据库文件。

② 建立项目文件夹

a．执行菜单命令【File|New】，系统弹出 New Document 对话框。

b．选择 Document Fold（文件夹）图标，单击【OK】按钮。

c．将该文件夹的名字改为 Key-Display。

要点提示：可以直接将设计数据库文件中的 Documents 文件夹重新命名为文件夹 Key-Display。

③ 建立主电路图文件

a. 打开 Key-Display 文件夹。

b. 执行菜单命令【File|New】，系统弹出 New Document 对话框。

c. 选择 Schematic Document 图标，单击【OK】按钮。

d. 将该文件的名字改为 Key-Display.prj，如图 5.2 所示。

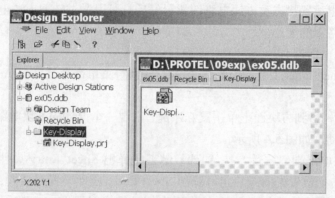

图 5.2　建立文件夹和主电路图文件

④ 绘制方块电路图

a. 打开 Key-Display.prj 文件。

b. 单击 Wiring Tools 工具栏中的 图标或执行菜单命令【Place|Sheet Symbol】，光标变成十字形，且十字光标上带着一个方块电路图形状。

c. 设置方块电路图属性：按【Tab】键，系统弹出 Sheet Symbol 属性设置对话框。或者双击已放置好的方块电路图，也可弹出 Sheet Symbol 属性设置对话框，如图 5.3 所示。按如图 5.3 所示设置好属性后，单击【OK】按钮确认，此时光标仍为十字形。

图 5.3　Sheet Symbol 属性设置对话框

要点提示： Sheet Symbol 属性设置对话框有关选项含义如下。

- Filename：该方块电路图所代表的子电路图文件名，如 8031.sch。

- Name：该方块电路图所代表的模块名称。此模块名应与 Filename 中的主文件名相对应，如 8031。

d. 确定方块电路图的位置和大小：在适当的位置单击鼠标左键，确定方块图的左上角，移动光标当方块电路图的大小合适时在右下角单击鼠标左键，则放置好一个方块电路图。

e. 此时仍处于放置方块电路图状态，重复以上步骤继续放置其余方块电路图，然后单击鼠标右键，退出放置状态。方块电路图放置好后，可以通过选取方块电路图，调整控制点来调整方块电路图的大小。

⑤ 放置方块电路端口

a. 单击 Wiring Tools 工具栏中的 ▨ 图标，或执行菜单命令【Place|Add Sheet Entry】，光标变成十字形。

b. 将十字光标移到方块图上单击鼠标左键，出现一个浮动的方块电路端口，此端口随光标的移动而移动，如图 5.4 所示。

c. 设置方块电路端口属性：按【Tab】键系统弹出 Sheet Entry 属性设置对话框，如图 5.5 所示。双击已放置好的端口也可弹出 Sheet Entry 属性设置对话框。按图 5.5 所示设置好端口 ALE 的属性并单击【OK】按钮退出属性设置对话框。

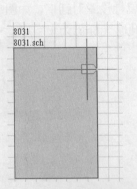

图 5.4 浮动的方块电路端口

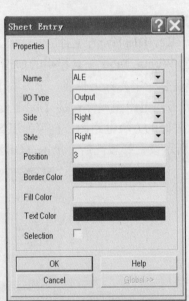

图 5.5 Sheet Entry 属性设置对话框

要点提示： Sheet Entry 属性设置对话框中有关选项含义如下。

- Name：方块电路端口名称。如 ALE。

- I/O Type：端口的电气类型。下拉列表选项说明如下。

  - Unspecified：不指定端口的电气类型。

  - Output：输出端口。

- Input：输入端口。
- Bidirectional：双向端口。
- Side：端口的停靠方向。下拉列表选项说明如下。
  - Left：端口停靠在方块图的左边缘。
  - Right：端口停靠在方块图的右边缘。
  - Top：端口停靠在方块图的顶端。
  - Bottom：端口停靠在方块图的底端。
- Style：端口的外形。下拉列表选项说明如下。
  - None：无方向。
  - Left：指向左方。
  - Right：指向右方。
  - Left & Right：双向。

d．此时方块电路端口仍处于浮动状态，并随光标的移动而移动。在合适位置单击鼠标左键，则完成了一个方块电路端口的放置。

e．系统仍处于放置方块电路端口的状态，重复以上步骤放置方块电路图的其他电路端口，然后单击鼠标右键，退出放置状态。

f．按上述方法放置好图 5.1（a）所示的所有方块电路图的端口并设置好端口属性，如图 5.6 所示。

要点提示： 在图 5.6 中可以看到，电路端口的外形与端口的电气类型是一致的。例如，双向端口是双向的箭头，输入端口是指向方块电路图内部的箭头，输出端口是指向方块电路图外部的箭头。放置电路端口时可以参考图 5.6 来确定其相关属性。

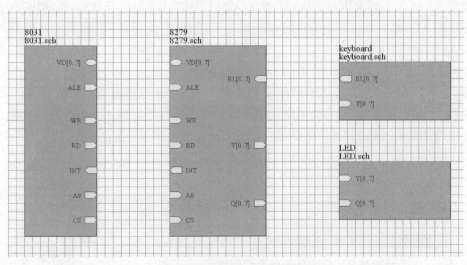

图 5.6　放置好端口的方块电路

⑥ 连接各方块电路

在所有的方块电路及端口都放置好以后，用导线（Wire）或总线（Bus）进行连接。在本例中，VD[0..7]、RL[0..7]、Y[0..7]和Q[0..7]是总线，用总线来连接，其他接口用导线连接，连接好的主电路图如图 5.7 所示。

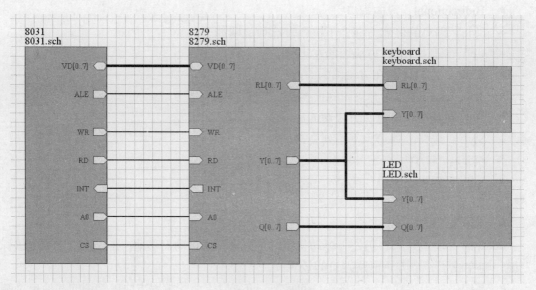

图 5.7　主电路图

（2）设计子电路图

子电路图是根据主电路图中的方块电路，利用有关命令自动建立的，不能用建立新文件的方法建立。

① 在主电路图中执行菜单命令【Design|Create Sheet From Symbol】，光标变成十字形。

② 将十字光标移到名为 8031 的方块电路上，单击鼠标左键，系统弹出 Confirm 对话框，如图 5.8 所示，要求用户确认端口的输入/输出方向。如果选择【Yes】，则所产生的子电路图中的 I/O 端口方向与主电路图方块电路中端口的方向相反，即输入变成输出，输出变成输入。

如果选择【No】，则端口方向不反向。这里选择【No】。

③ 按下【No】按钮后，系统自动生成名为 8031.sch 的子电路图，且自动切换到 8031.sch 子电路图，如图 5.9 所示。方块电路图中对应的电路端口都复制到了相应的子电路图中，成为子电路图的输入输出端口（I/O 端口）。

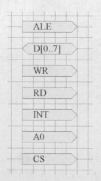

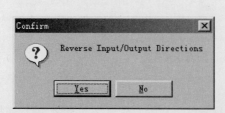

图 5.8　Confirm 对话框　　　　　　　图 5.9　自动生成的 8031.sch 子电路图

要点提示：在由方块电路图生成对应的子电路图中，其 I/O 端口属性可做相应的修改，如修改端口的外形等。I/O 端口属性的编辑参见本项目"【相关知识】4. 放置输入输出 (I/O) 端口"。

表 5.1　　　　　　　　　　　　　原理图 5.1 所用元件一览表

Lib Ref 元件名称	Designator 元件标号	Part Type 元件标注	Footprint 封装形式	所属元件库
CAP	C1	30pF	RAD0.4	Miscellaneous Devices.lib
CAP	C2	30pF	RAD0.4	Miscellaneous Devices.lib
CAPACITOR POL	C3	10μF	RB.2/.4	Miscellaneous Devices.lib
CAP	C4	20μF	RAD0.3	Miscellaneous Devices.lib
DPY_7-SEG_DP	DS1	DPY_7-SEG_DP		Miscellaneous Devices.lib
DPY_7-SEG_DP	DS2	DPY_7-SEG_DP		Miscellaneous Devices.lib
DPY_7-SEG_DP	DS3	DPY_7-SEG_DP		Miscellaneous Devices.lib
DPY_7-SEG_DP	DS4	DPY_7-SEG_DP		Miscellaneous Devices.lib
RES2	R1	300	AXIAL0.5	Miscellaneous Devices.lib
RES2	R2	300	AXIAL0.5	Miscellaneous Devices.lib
RES2	R3	300	AXIAL0.5	Miscellaneous Devices.lib
RES2	R4	300	AXIAL0.5	Miscellaneous Devices.lib
RES2	R5	300	AXIAL0.5	Miscellaneous Devices.lib
RES2	R6	300	AXIAL0.5	Miscellaneous Devices.lib
RES2	R7	300	AXIAL0.5	Miscellaneous Devices.lib
RES2	R8	300	AXIAL0.5	Miscellaneous Devices.lib
RES2	R9	2k	AXIAL0.5	Miscellaneous Devices.lib
RES2	R10	1k	AXIAL0.5	Miscellaneous Devices.lib
RES2	R11	10k	AXIAL0.5	Miscellaneous Devices.lib
SW-PB	S0	SW-PB	SIP2	Miscellaneous Devices.lib
SW-PB	S1	SW-PB	SIP2	Miscellaneous Devices.lib
SW-PB	S2	SW-PB	SIP2	Miscellaneous Devices.lib
SW-PB	S3	SW-PB	SIP2	Miscellaneous Devices.lib
SW-PB	S4	SW-PB	SIP2	Miscellaneous Devices.lib
SW-PB	S5	SW-PB	SIP2	Miscellaneous Devices.lib
SW-PB	S6	SW-PB	SIP2	Miscellaneous Devices.lib
SW-PB	S7	SW-PB	SIP2	Miscellaneous Devices.lib
SW-PB	S8	SW-PB	SIP2	Miscellaneous Devices.lib
SW-PB	S9	SW-PB	SIP2	Miscellaneous Devices.lib

续表

Lib Ref 元件名称	Designator 元件标号	Part Type 元件标注	Footprint 封装形式	所属元件库
SW-PB	S10	SW-PB	SIP2	Miscellaneous Devices.lib
SW-PB	S11	SW-PB	SIP2	Miscellaneous Devices.lib
SW-PB	S12	SW-PB	SIP2	Miscellaneous Devices.lib
SW-PB	S13	SW-PB	SIP2	Miscellaneous Devices.lib
SW-PB	S14	SW-PB	SIP2	Miscellaneous Devices.lib
SW-PB	S15	SW-PB	SIP2	Miscellaneous Devices.lib
8031	U1	8031	DIP40	Protel DOS schematic Intel.lib
74LS373	U2	74LS373	DIP20	Protel DOS schematic TTL.lib
8279	U3	8279	DIP40	Protel DOS schematic Intel.lib
74ALS04	U4	74ALS04	DIP14	Protel DOS schematic TTL.lib
74LS138	U5	74LS138	DIP16	Protel DOS schematic TTL.lib
74LS240	U6	74LS240	DIP20	Protel DOS schematic TTL.lib
74LS240	U7	74LS240	DIP20	Protel DOS schematic TTL.lib
CRYSTAL	Y	6M	XTAL1	Miscellaneous Devices.lib

④ 根据项目三中提供的电路原理图绘制方法，绘制 8031 模块的内部电路，如图 5.1（b）所示。为了方便放置元件，表 5.1 中列出了原理图 5.1 中所有元件及其相关属性。

要点提示： 子电路图中需要绘制总线和总线分支线，绘制方法参考"【相关知识】 三. 绘制总线和总线分支线"。

⑤ 用相同的方法绘制其他子电路图，如图 5.1（c）、图 5.1（d）和图 5.1（e）所示。

⑥ 进行原理图的 ERC 检查。在绘制完主电路图和子电路图后，需要进行 ERC 检查，保证电路图绘制正确。由于此时设计项目包含多个原理图文件，在 Setup Electrical Rule Check 对话框中，Sheets to Netlist 下拉列表应选择 Active project（当前项目中所有的原理图），Net Identifier Scope 下拉列表应选择 Net Labels and Ports Global（网络标号和端口适用于整个设计项目），如图 5.10 所示。

2. 自下而上的层次原理图设计方法

在自上而下的方法已经建立的子电路图的基础上，熟悉自下而上的层次原理图的设计方法。

（1）建立项目文件夹

在已有的设计数据库中建立一个项目文件夹，如在 ex05.ddb 中建立一个项目文件夹，并命名为 Key-Display-new，如图 5.11 所示。

图 5.10 Setup Electrical Rule Check 对话框

（2）设计子电路图

将 Key-Display 文件夹中的子电路原理图复制到文件夹 Key-Display-new 中，如图 5.12 所示。

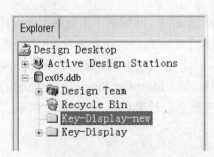

图 5.11 建立项目文件夹

图 5.12 复制子电路图

（3）生成方块电路图

在子电路图的基础上，生成方块电路图。

① 在 Key-Display-new 文件夹下，新建一个原理图文件，并将文件名改为 Key-Display-new.prj。

② 打开 Key-Display-new.prj 文件。

③ 执行菜单命令【Design|Create Symbol From Sheet】，系统弹出 Choose Document to Place 对话框，如图 5.13 所示。在对话框中列出了当前目录中所有原理图文件名。

④ 选择准备转换为方块电路的原理图文件名。如 8031.sch，单击【OK】按钮。

⑤ 系统弹出如图 5.8 所示的 Confirm 对话框，确认端口的输入/输出方向。这里选择【No】。

⑥ 光标变成十字形且出现一个浮动的方块电路图形，随光标的移动而移动。

⑦ 在合适的位置单击鼠标左键，即放置好 8031.sch 所对应的方块电路。在该方块图中已包含 8031.sch 中所有的 I/O 端口，无需自己再进行放置。如图 5.14 所示。

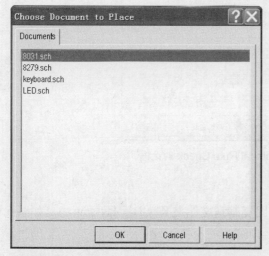

图 5.13　Choose Document to Place 对话框

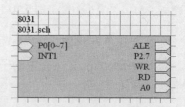

图 5.14　8031.sch 所对应的方块电路

⑧ 根据需要，对已放置好的方块电路进行编辑，如端口位置的调整、属性的编辑。

⑨ 重复步骤②～⑧，将其他子电路图转换为相应的方块电路。

（4）完成主电路图设计

① 用导线和总线等工具绘制连线，将各方块电路连接起来，即完成了主电路图的设计。

② 进行原理图的 ERC 检查。在绘制完主电路图和子电路图后，需要进行 ERC 检查，保证电路图绘制正确。此时，在 Setup Electrical Rule Check 对话框中，Sheets to Netlist 下拉列表应选择 Active project（当前项目中所有的原理图），Net Identifier Scope 下拉列表应选择 Net Labels and Ports Global（网络标号和端口适用于整个设计项目），如图 5.10 所示。

【相关知识】

1. 层次原理图的基本概念

对于大规模电路的设计，往往不是单个设计者能在短期内完成的，为了适应长期设计的需要，或者为缩短周期组织多人共同设计的需要，Protel 99 SE 提供了层次原理图的设计功能。这一功能就是通过合理的规划，将整个系统化为若干个功能模块，功能模块可以再细分为若干功能模块，最后每个功能模块都对应着一个具体的电路，即整张大图可以分成若干子图，子图还可以向下细分。这样就实现了设计任务的分解，可以在不同的时间完成不同的模块的设计而相互之间又没有过大的干扰，也可以将各个模块的设计任务分配给不同的设计者同时进行设计，从而大大提高了大规模电路设计的效率。

层次原理图的功能模块称为方块电路图，而最底层的功能模块对应着一个具体的电路原理图。层次原理图主要包括两大部分：主电路图和子电路图。最顶层的功能模块组成的图称为主电路图，主电路图文件的扩展名是.prj。各功能模块对应的图称为子电路图，扩展名是.sch。其中，主电路图与子电路图的关系是父电路与子电路的关系，在子电路图中仍可包含下一级子电路。子电路图与主电路图的连接是通过方块电路图中的端口实现的。

需要注意的是，与原理图相同，方块电路图之间的连接也要用到具有电气性能的 Wire（导线）和 Bus（总线）。

2. 层次原理图的设计方法

（1）自上而下的设计方法

自上而下的层次原理图设计方法，一般首先需要规划系统电路的整体结构，根据电路的功能要求将电路划分为若干个相对比较独立的功能模块。规划好电路功能模块后开始绘制主电路图，在主电路图中需要绘制各个功能子模块的方块电路图，并放置好接口，设计好接口的输入输出等特性，然后将各个方块电路图的对应接口进行连线，完成主电路图的设计。由主电路图的各个方块电路可以生成相应的原理图文件，这时接口会自动从上层电路图中继承过来并形成 I/O 端口。

如果电路结构比较复杂，每个模块还需要进一步的细分，这时就可以参照主电路图的绘制方法设计子模块的电路结构并生成下一级的原理图文件。当电路分解为最小的功能模块之后就可以开始分别对每个最小模块进行具体的电路设计了。各个最小模块的电路都设计完成后整个系统的电路也就形成了。自上而下的层次图设计流程如图 5.15 所示。

（2）自下而上的设计方法

自下而上的设计方法一般也需要对整个系统电路进行分析，明确其应该包含哪些基本功能，然后可以根据电路设计要求直接进行子模块的具体电路的实现，同时要将该功能模块所需要的输入量及其可以提供给其他模块的输出量设计为接

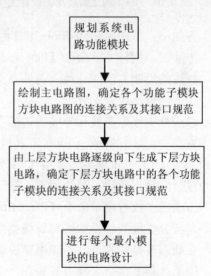

图 5.15　自上而下的层次图设计流程

口引出。绘制好各个功能子模块的电路图之后，可以由各子模块的电路原理图自动生成上层的方块电路图，方块电路图按照功能要求将模块的对应接口相连，确定各模块之间的相互关系，逐级进行上层原理图的设计，一直到绘制出主电路图，这样就得到了整个系统的完整的电路。自下而上的层次图设计流程如图 5.16 所示。

3. 绘制总线与总线分支线

在进行原理图设计时，如果元件的数目较多，并且各个元件也都有很多引脚，那么连接关系一般都比较复杂，如果对于每个引脚都用导线逐根连接，则原理图中会有过多的导线，导致各元件间的连接关系不明确，容易产生混乱，而且需要连接的导线很多，给原理图的绘制也带来了不小的工作量。这时，可以使用总线连接方式来简化原理图的绘制。

（1）绘制总线

总线是多条并行导线的集合，如图 5.17 中的粗线所示。在原理图中合理地使用总线，可以使图面简洁明了。

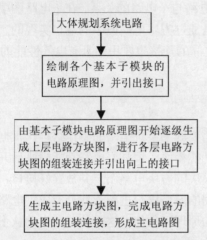

图 5.16　自下而上的层次图设计流程

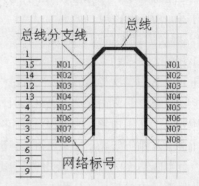

图 5.17　总线、总线分支线、网络标号

方法一：单击 Wiring Tools 工具栏中的 图标。

方法二：执行菜单命令【Place|Bus】。

总线的绘制方法同导线。另外，总线的属性编辑与导线类型，在此不再赘述。

（2）绘制总线分支线

总线分支线是总线和导线的连接点，如图 5.17 中的斜线所示。

方法一：单击 Wiring Tools 工具栏中的 图标，光标变成十字形，此时可按空格键旋转方向、按【X】键水平翻转、按【Y】键垂直翻转。在适当位置单击鼠标左键，即可放置一个总线分支线，此后可继续放置，最后单击鼠标右键退出放置状态。

方法二：执行菜单命令【Place|Bus Entry】。以下操作同上。

总线分支线的属性编辑与导线类型，在此不再赘述。

在此需要提醒的是，不能用导线取代总线分支线，否则 ERC 检查时会出现错误提示。

（3）连接总线分支线与引脚

在总线分支线和引脚之间放置导线，即可完成总线连接图形的绘制。此时绘制的仅仅是电路连线图形的表示，各引脚间还并不具备电气连接关系。为了使各引脚真正在电气上连接起来，还需要在总线分支线与引脚之间的导线上放置网络标号，如图 5.17 所示。相同名称的网络标号标识的导线在电气上是相连的。

4. 放置输入输出（I/O）端口

网络标号是电路与电路之间的接口，用户可以通过设置相同的网络标号，使多个电路图连接起来。输入输出端口也具有类似的功能，具有相同名称的输入输出端口被视为同一网络，在电气上具有连接关系。

（1）端口的放置

① 单击 📼 图标，或执行菜单命令【Place|Port】。

② 此时光标变成十字形，且一个浮动的端口粘在光标上随光标移动。单击鼠标左键，确定端口的左边界。在适当位置单击鼠标左键，确定端口右边界。

③ 现在仍为放置端口状态，单击鼠标左键继续放置，单击鼠标右键退出放置状态。

（2）端口属性编辑

在放置过程中按【Tab】键，或双击已放置好的端口，弹出端口属性编辑对话框，如图 5.18 所示。

Port（端口）属性设置对话框中各项含义如下。

- Name：I/O 端口名称。
- Style：I/O 端口外形。
- I/O Type：I/O 端口的电气特性。共设置了 4 种电气特性。

  ■ Unspecified：无端口。
  ■ Output：输出端口。
  ■ Input：输入端口。
  ■ Bidirectional：双向端口。

- Alignment：端口名在端口框中的显示位置。

  ■ Center：中心对齐。
  ■ Left：左对齐。
  ■ Right：右对齐。

- Length：端口长度。
- X-Location、Y-Location：端口位置。
- Border：端口边界颜色。
- Fill Color：端口内的填充颜色。
- Text Color：端口名的显示颜色。
- Selection：确定端口是否处于选中状态。

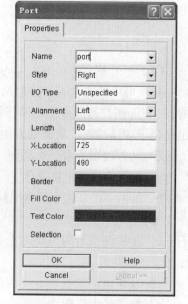

图 5.18 Port 属性编辑对话框

属性设置完毕，单击【OK】按钮退出属性设置对话框。另外，通过选取端口，然后通过操作控制点可以调整端口大小。

在本项目中，从方块电路图生成原理电路图时，方块电路端口自动转换为 I/O 端口，无需再单独放置 I/O 端口。

5. 管理层次原理图

（1）层次电路图的结构

如图 5.19 所示，层次电路图在设计管理器中是分层次显示的，最顶层原理图显示为主电路图文件，其左边有一个"–"号，表示该项目文件已被展开，可以查看到属于该原理图的下层原理图文件，在这里可以很清晰地看到整个电路设计的结构，同时也可以进行不同电路图之间的切换。

图 5.19　设计数据库的设计管理器

（2）不同层次电路图之间的切换

层次电路图中含有多张电路原理图，在编辑时不同层次电路图之间的切换是必不可少的，一方面用户可以直接在设计管理器中选择不同的文件进行切换，另一方面，Protel 99 SE 也提供了切换功能，从而更方便用户的使用。

① 从方块图查看子电路图

a．打开方块图电路文件。

b．单击主工具栏上的图标，或执行菜单命令【Tools|Up/Down Hierarchy】，光标变成十字形。

c．在准备查看的方块图上单击鼠标左键，则系统立即切换到该方块图对应的子电路图上。

② 从子电路图查看方块图（主电路图）

a．打开子电路图文件。

b．单击主工具栏上的图标，或执行菜单命令【Tools|Up/Down Hierarchy】，光标变成十字形。

c．在子电路图的端口上单击鼠标左键，则系统立即切换到主电路图。该子电路图所对应的方块图位于编辑窗口中央，且鼠标左键单击过的端口处于选中状态。

【练一练】

① 在层次原理图 5.1 绘制完毕后，使用本项目"【相关知识】　5．管理层次原理图"中介绍的方法进行主电路图和子电路图之间的切换。

② 尝试将项目三中的拔河游戏机整机原理图改造成层次原理图。

项目六　PCB 设计基础

【项目内容】

打开一个 PCB 文件，通过该文件了解 PCB 的相关概念，熟悉 PCB 编辑器的基本操作方法，了解工作层参数、系统参数等环境配置方法。

【项目目标】

（1）掌握 PCB 的基础知识。
（2）掌握 PCB 编辑器的基本操作方法。
（3）掌握工作层参数的设置方法。
（4）掌握系统参数的设置方法。

【操作步骤】

1. 启动 PCB 编辑器

（1）打开设计数据库文件

如图 6.1 所示，查找 Protel 文件安装目录中的 Examples 子目录，打开该目录中 Protel 自带的设计数据库文件 LCD Controller.ddb，进入原理图编辑环境。

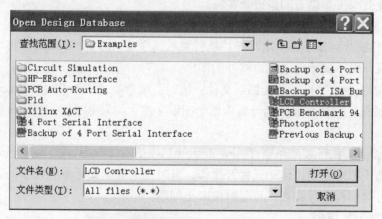

图 6.1　查找并打开文件 LCD Controller

（2）进入 PCB 编辑环境

如图 6.2 所示，单击 PCB 文件 LCD Controller.pcb，即打开该 PCB 文件并进入 PCB 编辑器环境。

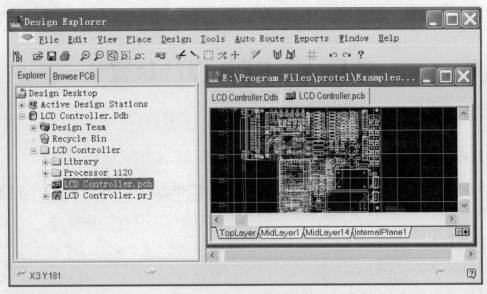

图 6.2　PCB 编辑器环境

2．PCB 编辑器界面的管理

PCB 编辑器界面的管理与原理图编辑器的界面管理类似，包括画面的显示、窗口管理、工具栏和状态栏的打开与关闭操作等。下面利用上述打开的 PCB 文件 LCD Controller.pcb，熟悉 PCB 编辑器界面管理的有关操作。

（1）画面显示

设计者在进行电路板的设计过程中，往往需要对工作画面进行放大、缩小、刷新和局部显示等操作，以方便设计者编辑、调整等工作。画面的显示可以采用菜单【View】的有关命令，快捷键或工具栏上的按钮来实现。

① 将屏幕缩放显示整个电路板及刷新画面

a．将屏幕缩放到显示整个电路板：执行菜单命令【View|Fit Board】，将屏幕缩放到显示整个电路板，但不显示电路板边框外的图形。

b．将屏幕缩放到可显示整个图形文件：执行菜单命令【View|Fit Document】或单击主工具栏的◎按钮，将屏幕缩放到可显示整个图形文件，如果电路板边框外有图形，也同时显示出来。

c．刷新画面：执行菜单命令【View|Refresh】或使用【End】键，观察显示结果。在设计过程中，由于移动画面，拖动元件等操作，有时会造成画面显示有残留的斑点或图形变形问题，通过对画面进行刷新，可以解决以上问题。

② 画面放大与缩小

有多种方法可以放大或缩小工作画面。

a．【Page Up】和【Page Down】键。按下【Page Up】键可以放大显示工作画面；按下【Page Down】键可以缩小显示工作画面。交替按下【Page Up】和【Page Down】键，观察显示结果。

b．主工具栏 ◎和◎按钮。单击主工具栏 ◎按钮，放大显示工作画面；单击主工具栏按钮，缩小显示工作画面。交替单击主工具栏 和 按钮，观察显示结果。

c．菜单命令【View|Zoom In】和【View|Zoom Out】。执行菜单命令【View|Zoom In】可以放大工作画面；执行菜单命令【View|Zoom Out】可以缩小工作画面。交替菜单命令【View|Zoom In】和【View|Zoom Out】，观察显示结果。

d．菜单命令【View|Zoom Last】。该命令可使画面恢复至上次显示效果。单击主工具栏 按钮，放大显示工作画面，然后再执行菜单命令【View|Zoom Last】，观察显示结果。

③ 放大选定工作区域

a．区域放大：执行菜单命令【View|Area】或单击主工具栏 按钮，光标变成十字形状出现于工作区内，将光标移到图纸要放大的区域，单击鼠标左键，确定放大区域的起点，再移动光标拖出一个矩形虚线框为选定放大的区域，单击鼠标左键确定放大区域对角线的终点，将虚线框内的区域放大。

b．中心区域放大：执行菜单命令【View|Around Point】，光标变为十字形，移到需放大的位置，单击鼠标左键，确定要放大区域的中心，移动光标拖出一个矩形区域后，单击鼠标左键确认，将所选区域放大。

（2）PCB 的工具栏、状态栏、文件管理器的打开与关闭

与原理图设计系统一样，PCB 编辑器也提供文件管理器和各种工具栏。在实际工作过程中我们往往要根据需要将这些工具栏打开或者关闭，常用工具栏、状态栏、文件管理器的打开和关闭方法与原理图设计系统基本相同。

① 工具栏的打开与关闭

执行菜单命令【View|Toolbars】，弹出一个子菜单，如图 6.3 所示。在子菜单中选择相应工具栏名称即可打开或关闭该工具栏。

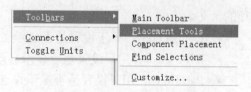

② 状态栏与命令栏的打开与关闭

a．执行菜单命令【View|Status Bar】，可打开或关闭状态栏。

图 6.3 【View|Toolbars】弹出的子菜单

b．执行菜单命令【View|Command Status】，可打开或关闭命令栏。

③ PCB 文件管理器的打开与关闭

执行菜单命令【View|Design Manager】，或用鼠标单击主工具栏的 图标，可打开或关闭 PCB 文件管理器。

3．工作层的设置

Protel 99 SE 提供有多种类型的工作层，在进行 PCB 设计的时候，可以进行分层显示和设计。要正确的设计 PCB，第一步就是要选择好适用的工作层。下面熟悉工作层的有关设置。

（1）设置 Layers 选项卡

① 执行菜单命令【Design|Option】，系统弹出 Document Options 对话框，如图 6.4 所示。界面首先显示的是 Layers 选项卡，该选项卡用于设置各工作层的显示或隐藏。从 Layers 选项卡中可以看到，每一个工作层前面都有一个复选框，如果工作层前面的复选框中有符号"√"，则表明工作层被打开，否则该工作层处于关闭状态。当单击按钮【All On】时，将

打开所有的工作层；单击按钮【All Off】时，所有的工作层将处于关闭状态；单击按钮【Used On】时，可打开常用的工作层。

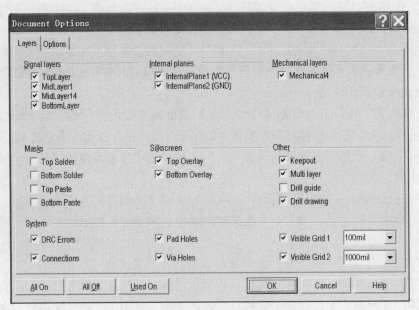

图 6.4　Document Options 对话框

② 设置 System 选项组。用户可以在 System 选项组中设置 PCB 设计参数，其各个选项的含义如下。

- Connections：用于设置是否显示飞线，一般都要显示飞线。
- DRC Error：用于设置是否显示自动布线检查错误信息。
- Pad Holes：用于设置是否显示焊点的通孔。
- Via Holes：用于设置是否显示导孔的通孔。
- Visible Grid1：用于设置是否显示第一组栅格，单击右边的下拉菜单可以选择栅格的尺寸。
- Visible Grid2：用于设置是否显示第二组栅格，单击右边的下拉菜单可以选择栅格的尺寸。一般我们在工作窗口看到的栅格为第二组栅格，放大画面之后，可见到第一组栅格。

默认情况下，System 选项组中的所有选项都被选中。

③ 单击【All On】按钮，然后单击【OK】按钮，观察 PCB 编辑区各工作层的显示，并判断该 PCB 为几层板。

（2）设置 Options 选项卡

Options 选项卡用于设置工作层网格参数。

① 单击 Document Options 对话框中的 Options 选项卡，打开如图 6.5 所示的对话框。

② 设置捕获栅格：用于设置光标移动的间距。使用 Snap X 和 Snap Y 两个下拉框，可设置在 X 和 Y 方向捕获栅格的间距。

③ 设置元件栅格：用于设置元件移动的间距。使用 Component X 和 Component Y 两个下拉框，可设置元件在 X 和 Y 方向的移动间距。

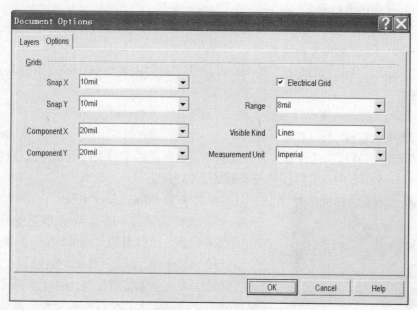

图 6.5　Options 选项卡

④ 设置电气栅格范围：电气栅格主要是为了支持 PCB 的布线功能而设置的特殊栅格。当任何导电对象（如导线、过孔、元件等）没有定位在捕获栅格上时，就启动电气栅格功能。只要将某个导电对象移到另外一个导电对象的电气栅格范围内，就会自动连接在一起。选中 Electrical Grid 复选框表示启动电气栅格的功能。Range（范围）用于设置电气栅格的间距，一般比捕获栅格的间距小一些才行。

⑤ 设置可视栅格的类型：可视栅格是系统提供的一种在屏幕上可见的栅格。通常可视栅格的间距为一个捕获栅格的距离或是其数倍。单击 Visible Kind 的下拉按钮，可以选择 Dots（点状）或 Lines（线状）显示类型。

⑥ 设置计量单位：单击 Measurement Unit 的下拉列表，可以选择 Metric（公制）或 Imperial（英制）两种计量单位，系统默认为英制。英制的默认单位为 mil（毫英寸）；公制的默认单位为 mm（毫米）。1 mil=0.0254 mm。

要点提示：按下快捷键【Q】，计量单位可以在英制与公制之间切换。

4．设置系统参数

执行菜单命令【Tools|Preferences...】，打开 Preferences 对话框，熟悉系统参数的有关设置。

（1）Options 选项卡的设置

① 打开 Options 选项卡，选中 Editing Options 选项组的 Extend Selection 选项，测试效果。

② 测试 Other 选项组中的 Cursor Types 选项，选择不同光标类型，观察结果。

（2）Display 选项卡的设置

① 单击 Display 选项卡，在 Display options 选项组中，选中 Single Layer Mode，使得在 PCB 编辑区中，每次只显示选中的工作层。

② 逐个单击编辑区下面的工作层标签中的各工作层，观察显示结果。

（3）Colors 选项卡的设置

单击 Colors 选项卡，在 Signal Layer 选项组中，修改 Top Layer 的颜色，观察结果。

（4）Show / Hide 选项卡的设置

① 单击 Show / Hide 选项卡，将 Tracks 的显示模式设置为 Hidden（不显示），观察显示效果。

② 将 Tracks 的显示模式设置回其默认的 Final（精细）模式。

5. PCB 中的定位

一张复杂的 PCB 图，元件繁多，导线密布，很难在图中用肉眼对元件或导线进行准确定位。在 Protel 99 SE 中，提供了快速准确的定位方法。

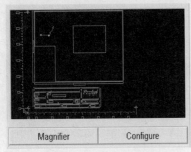

图 6.6　预览区的显示

（1）使用 PCB MiniViewer 定位

① 单击文件管理器中的 Browse PCB 选项卡，打开 PCB 窗口浏览器，可以看到如图 6.6 所示的预览区。

② 将光标指向虚线框的顶点，按住鼠标左键，拖动顶点将虚线框的大小调整到适当，同时注意到，PCB 工作窗口随着虚线框的大小会做相应调整，虚线框越小，画面放大比例越大，图像越清晰。

③ 将光标指向虚线框，按住鼠标左键拖动整个虚线框移动，在整个工作窗口中快速浏览和定位图纸。

④ 单击预览区下面的【Magnifier】按钮，光标变成一个放大镜，将其移动到编辑窗口要放大的部位，则在预览区中可以看到该部分被放大后的图样。

⑤ 单击预览区下面的【Configure】按钮，在弹出的对话框中选择不同的放大倍数，然后重复步骤④，观测效果。

要点提示： 在使用放大镜时，按空格键，可以在不同显示比例之间切换。

（2）手动移动图纸

① 用鼠标按住工作窗口的滚动条，移动图纸。

② 在编辑区，按住鼠标右键不放，光标变为一只"小手"图样，拖动鼠标，定位后，放开鼠标右键，可实现图纸移动。

（3）跳转到指定位置

① 执行菜单命令【Edit|Jump】，弹出如图 6.7 所示的子菜单。在子菜单中选择不同的对象，可很方便地实现定向跳转。

要点提示： 【Edit|Jump】子菜单中各项命令的含义如下。

- Absolute Origin：跳转到绝对原点。
- Current Origin：跳转到相对原点。
- New Location：跳转到指定坐标位置。需在弹出的对话框中，输入目标位置的 X 坐标和 Y 坐标。单击【OK】按钮，光标自动指向所设置的位置。
- Component：跳转到指定的元件。执行该命令后，将弹出 Component Designator（元件标号）对话框，可以输入元

图 6.7　【Edit|Jump】子菜单

件的标号。若不知元件的标号，在对话框中输入"？"后单击【OK】按钮，将弹出 Component Placed（元件放置）列表框，在其中选择要跳转到的元件，然后单击【OK】按钮即可。

- Net：跳转到指定的网络。其操作与【Component】命令类似。
- Pad：跳转到指定的焊盘。其操作与【Component】命令类似。
- String：跳转到指定的字符串。其操作与【Component】命令类似。
- Error Marker：跳转到错误标志处。
- Selection：跳转到选取的对象处。先选取对象，执行该命令后，被选取的对象在工作窗口中被放大显示。
- Set Location Marks：放置位置标志。使用此命令，可放置 10 个位置标志。
- Location Marks：跳转到所选择的位置标志。该命令与【Set Location Marks】命令配合使用。当没用该位置标志时，光标将指向工作窗口的最边缘。

② 选择子菜单中 Absolute Origin（跳转到绝对原点）命令，观察显示结果。

③ 选择子菜单中 Component（跳转到指定的元件）命令，在弹出如图 6.8 所示的 Component Designator（元件标号）对话框中可以输入元件的标号。在对话框中输入"？"，单击【OK】按钮，将弹出如图 6.9 所示的 Component Placed（元件放置）列表框，在其中选择要跳转到的元件 C5，然后单击【OK】按钮，观察结果。

④ 选择子菜单中的其他命令，观察结果。

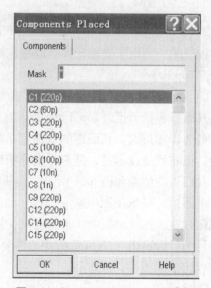

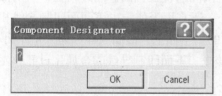

图 6.8　Component Designator 对话框　　　　图 6.9　Component Placed 列表框

【相关知识】

1．PCB 基础知识

电路设计的目的是生成印制电路板（Printed Circuit Board，PCB）文件。印制电路板是电子设备中的重要部件之一。各种电子设备，从收音机、电视机、手机、微机等民用产品到导弹、宇宙飞船，它们的电子元件之间的电气连接都要使用印制电路板，而印制电路板的设计和制造也是影响电子设备的质量、成本和市场竞争力的基本因素之一。

（1）印制电路板结构

印制电路板是以一定尺寸的绝缘板为基材，以铜箔为导线，经特定工艺加工，用一层或若干层导电图形（铜箔的连接关系）以及设计好的孔（如元件孔、机械安装孔、金属化过孔等）来实现元件间的电气连接关系，它就像在纸上印刷上去似的，故得名印刷电路板或称印制线路板。在电子设备中，印制电路板可以对各种元件提供必要的机械支撑，提供电路的电气连接并用标记符号把板上所安装的各个元件标注出来，以便于插件、检查及调试。

一般来说，印制电路板的结构有单面板、双面板和多层板 3 种。

① 单面板

单面板是一种有敷铜，另一面没有敷铜的电路板，它只可在敷铜的一面布线并放置元件。单面板由于成本低，不用打过孔而被广泛应用。单面板初听起来好像很简单，容易设计。实际上并非如此，由于单面板走线只能在一面上进行，因此单面板的设计往往比双面板或多层板困难得多。

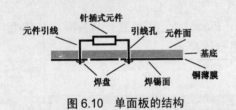

图 6.10　单面板的结构

单面板的结构如图 6.10 所示。它所用的覆铜板只有一面敷铜箔，另一面空白，因而也只能在敷铜箔面上制作导电图形。单面板上的导电图形主要包括固定、连接元件引脚的焊盘和实现元件引脚互连的印制导线，该面称为"焊锡面"——在 Protel99 PCB 编辑器中被称为"Bottom Layer"（底）层。

没有铜膜的一面用于安放元件，因此该面称为"元件面"——在 Protel99 PCB 编辑器中被称为"Top Layer"（顶）层。

② 双面板

双面板包括顶层（Top Layer）和底层（Bottom Layer）两层，顶层一般为元件面，底层一般为焊锡层面，双面板的双面都是敷铜，都可以布线。双面板的电路比单面板的电路复杂，但布线比较容易，是制作电路板比较理想的选择。

双面板的结构如图 6.11 所示。其基板的上下两面均覆盖铜箔。因此，上、下两面都含有导电图形，导电图形中除了焊盘、印制导线外，还有用于使上、下两面印制导线相连的金属化过孔。在双面板中，元件也只安装在其中的一个面上，该面同样称为"元件面"，另一面称为"焊锡面"。在双面板中，需要制作连接上、下面印制导线的金属化过孔，生产工艺流程比单面板多，成本高。

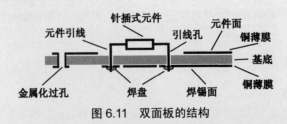

图 6.11　双面板的结构

③ 多层板

多层板就是包含了多个工作层面的电路板。除了上面讲的顶层，底层以外，还包括中间层，内部电源或接地层等。随着电子技术的高速发展，电子产品越来越精密，电路板也就越来越复杂，多层电路板的应用越来越广泛。

多层板的结构如图 6.12 所示。多层电路板一般包含 3 层及 3 层以上。在多层板中导电层的数目一般为 4、6、8、10 等。例如在 4 层板中，上、下面（层）是信号层（信号线布线层），在上、下两层之间还有电源层和地线层，在多层板中，可充分利用电路板的多层结构解决电磁干扰问题，提高了电路系统的可靠性；由于可布线层数多，走线方便，布通率高，连线短，印制板面积也较小（印制导线占用面积小），目前计算机设备，如主机板、内存条、显示卡等均采用 4 或 6 层印制电路板。

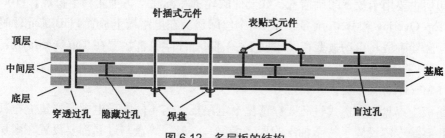

图 6.12　多层板的结构

（2）电路板的工作层

Protel 99 SE 提供有多种类型的工作层，在进行 PCB 设计的时候，可以进行分层显示和设计。要正确的设计 PCB，第一步就是要选择适用的工作层。了解这些工作层的意义及功能，可以帮助设计者准确、可靠地进行印制电路板的设计。

① Signal layer（信号层）

信号层主要用于布置电路板上的导线、焊盘和过孔等。Protel 99 SE 提供了 32 个信号层，包括 TopLayer（顶层）、BottomLayer（底层）和 30 个 MidLayers（中间层）。TopLayer 主要用于放置元件及部分信号线；BottomLayer 用作焊锡面；MidLayers 层作为中间工作层，通常用于布置信号线。

② Internal plane layer（内部电源/接地层）

Protel 99 SE 提供了 16 个内部电源层/接地层。该类型的层仅用于多层板，主要用于布置电源线和接地线，通常整层用作电源或接地层。我们称双层板、4 层板、6 层板，一般指信号层和内部电源/接地层的数目。

③ Mechanical layer（机械层）

Protel 99 SE 提供了 16 个机械层，它一般用于设置电路板的外形尺寸、数据标记、对齐标记、装配说明以及其他的机械信息。机械层可以附加在其他层上一起输出显示。

④ Solder mask layer（阻焊层）

Protel 99 SE 提供了 Top Solder（顶层）和 Bottom Solder（底层）两个阻焊层。为了使制成的板子适应波峰焊等焊接形式，要求板子上非焊点处的铜箔不能粘焊锡，因此，在焊点之外的各个部位都要涂覆一层涂料，用于阻止这些部位上锡。阻焊层是由 PCB 文件中的焊盘和过孔数据自动生成的板层，它不需要手工绘制，在设计时也常被隐藏而不显示。

⑤ Paste mask layer（锡膏防护层）

Protel 99 SE 提供了 Top Paste（顶层）和 Bottom Paste（底层）两个锡膏防护层。锡膏防护层的作用和阻焊层相似，它是针对焊接表贴元件（SMD 元件）而敷设的板层，与 SMD 元件的焊盘相对应，通常也不被显示。

⑥ Keep out layer（禁止布线层）

禁止布线层用于定义在电路板上能够有效放置元件和布线的区域。在该层绘制一个封闭区域作为布线有效区，在该区域外是不能自动布局和布线的。

⑦ Silkscreen layer（丝印层）

丝印层主要用于放置印制信息，如元件的轮廓和标注、各种注释字符等。Protel 99 SE 提供了 Top Overlay 和 Bottom Overlay 两个丝印层。在电路板上放置 PCB 库元件时，该元件的编号和轮廓线将自动放置在丝印层上。一般，标注字符都放置在 Top Overlay 层，Bottom Overlay 可以关闭。

⑧ Multi layer（多层）

电路板上焊盘和穿透式过孔要穿透整个电路板，与不同的导电图形层建立电气连接关系，因此系统专门设置了一个抽象的层，多层。一般，焊盘与过孔都要设置在多层上，如果关闭此层，焊盘与过孔就无法显示出来。

⑨ Drill layer（钻孔层）

钻孔层提供电路板制造过程中的钻孔信息（如焊盘、过孔就需要钻孔）。Protel 99 SE 提供了 Drill guide（钻孔指示图）和 Drill drawing（钻孔图）两个钻孔层。这两层主要用于绘制钻孔图和钻孔的位置，由系统自动生成。

要点提示： Protel 99 SE 虽然提供了数目众多的工作层，但在一块印制电路板上真正需要手工绘制的工作层并没有那么多，一些工作层在物理上是相互重叠的（如顶层信号层和顶层丝印层），都在 PCB 的顶层。这么多工作层面都是为了方便用户进行印刷电路板的设计和制造而设置的，在设计中使用的一般只有信号层、内部电源层和丝印层等少数几个工作层，其他一些工作层，如锡膏防护层和阻焊层等，设计者可以认为它们在电路板中是并不存在的，也不需要手工进行设计。

（3）焊盘和过孔

① 焊盘

焊盘（pad）的作用是放置焊锡、连接导线和元件引脚。焊盘是 PCB 设计中最常接触，也是最重要的概念。但初学者往往容易忽视它的选择和修正，在设计中统统使用圆形焊盘。事实上，选择焊点类型要综合考虑该元件的形状、大小、布置形式、振动和受热情况等。Protel 给出了一系列不同大小和形状的焊点，如圆形、方形、八角、圆方形等焊点。根据元件封装的类型，焊盘也分为针脚式和表面粘贴式两种。其中，针脚式焊盘必须钻孔，而表面粘贴式无需钻孔。此外，Protel 还允许用户自行设计焊点形状，例如，对于发热、受力、电流较大的焊点，可以设计成"泪滴状"焊点。图 6.13 所示为常见焊盘的形状和针脚式焊盘的尺寸。

自行设计或编辑焊盘时，要考虑如下几个方面的因素。

- 形状上长短不一致时，要考虑连线的宽度与焊盘特定边长的大小差异不能太大。

- 需要在元件之间走线时，选用长短不对称的焊盘往往能收到"事半功倍"的效果。
- 各元件焊盘孔的大小要按照元件引脚粗细分别进行编辑确定，一般应该让孔的尺寸比元件引脚直径大 0.2~0.4 mm。

圆形焊盘　方形焊盘　八角形焊盘　　表面粘贴式焊盘　　　针脚式焊盘的尺寸

图 6.13　常见焊盘的形状与尺寸

② 过孔

过孔（via）的作用是连接不同板层间的导线，在各层需要连通的导线交汇处钻一个孔，并在钻孔后的基材壁上淀积金属（也称电镀）以实现不同导电层之间的电气连接。过孔有以下 3 种。

- 从顶层贯通到底层的穿透过孔。
- 从顶层通到内层或从内层通到底层的盲过孔。
- 内层间的隐藏过孔。

过孔有两个尺寸，即过孔的内径（hole size）和外径（diameter），如图 6.14 所示。

设计线路时，对过孔的处理原则如下。

- 尽量少用过孔，一旦选用了过孔，就务必要处理好过孔和它周边各个实体之间的间隙，特别是容易被忽视的中间各层与过孔不相连的线与过孔的间隙。

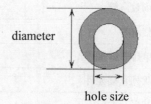

图 6.14　过孔的尺寸

- 需要的载流量越大，所需的过孔尺寸越大，例如，电源层和接地层与其他层连接所用的过孔就要大一点。

（4）元件的封装（Footprint）

通常我们设计完印刷电路板后，将它拿到专门制作电路板的单位，制作电路板。取回制好的电路板后，我们要将元件焊接上去。通过在设计印制电路板时指定元件封装，可以保证元件的引脚和印制电路板上的焊点一致。

元件封装是指实际元件焊接到电路板时所指示的外观和焊接位置。既然元件封装只是元件的外观和焊接位置，那么纯粹的元件封装仅仅是空间的概念，因此，不同的元件可以共用一个元件封装；另一方面，同种元件也可以有不同的封装。如 RES 代表电阻，它的封装形式有 AXIAL0.3、AXIAL0.4、AXIAL0.6 等，所以在放置元件时，不仅要知道元件名称还要知道元件的封装。元件的封装可以在设计电路图时指定，也可以在引进网络表时指定。

① 元件封装的分类

元件封装可以分为针脚式元件封装和 STM（表面粘贴式）元件封装。

a. 针脚式元件封装。针脚类元件焊接时先要将元件针脚插入焊盘导通孔，然后再焊锡。由于针脚式元件封装的焊盘导孔贯穿整个电路板，所以其焊点的属性对话框中，Layer 板层属性必须为 MultiLayer。

b. STM 元件封装。STM 元件封装的焊点只限于表面板层。其焊盘的属性对话框中，Layer 板层属性必须为单一表面，如 TopLayer 或者 BottomLayer。

② 常用元件封装

常用元件封装如表 6.1 所示。

表 6.1　　　　　　　　　　　　常用元件封装

元　　件	封　　装
双列插座	IDC
电阻	AXIAL
无极性电容	RAD
电解电容	RB
电位器	VR
二极管	DIODE
三极管	TO
电源稳压块 78 和 79 系列	TO-126H 和 TO-126V
场效应管	TO
整流桥	D
单排多针插座	CON SIP
双列直插元件	DIP
晶振	XTAL1

一些常见的元件封装如图 6.15 所示。

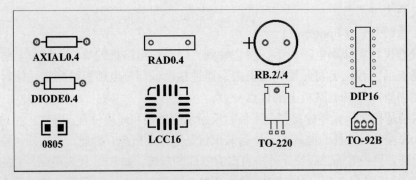

图 6.15　常见封装形式

③ 元件封装的编号

元件封装的编号规则一般为：元件封装类型+焊盘距离（焊盘数）+外形尺寸。我们可以根据元件封装编号来判别元件封装的规格。如 AXIAL0.4 表示此元件封装为轴状的，二焊盘间的距离为 400 mil（约等于 10 mm）；DIPl6 表示双排引脚的元件封装，两排共有 16

128

个引脚；RB.2/.4 表示极性电容类元件封装，引脚间距离为 200 mil，元件直径为 400 mil，这里.2 和 0.2 都表示 200 mil。

Protel 可以使用两种单位，即英制和公制。英制的单位为 inch（英寸），在 Protel 中一般使用的 mil，即微英寸。公制单位一般为 mm（毫米）。英制和公制单位的换算关系为：1inch=25.4 mm，1mil ≈ 0.0254 mm ≈ 1/40 mm。

（5）导线和飞线

① 导线

导线是印制电路板上布置的铜质线路，也称为铜膜导线，用于传递电流信号，实现电路的物理连通，是印制电路板最重要的部分，如图 6.16 所示。导线从一个焊点走向另外一个焊点，其宽度、走线路径等对整个电路板的性能有着直接的影响。印制电路板设计的主要工作包括两个部分，一个是元件的布局，另一个就是导线的布置。电路板设计工作的很大一部分是围绕如何布置导线来进行的，是电路板设计的核心。

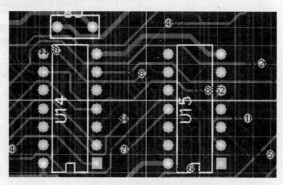

图 6.16　布置好的导线

② 飞线

与导线有关的另外一种线，常称为飞线，即预拉线，如图 6.17 所示。飞线是在引入网络表后，系统根据规则生成的，用来指引布线的一种连线。飞线与导线有本质的区别，飞线只是一种形式上的连线。它只是形式上表示出各个焊点间的连接关系，没有电气的连接意义。导线则是根据飞线指示的焊点间的连接关系而布置的，是具有电气连接意义的连接线路。

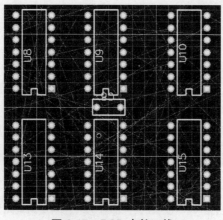

图 6.17　PCB 中的飞线

2．PCB 编辑器界面介绍

如图 6.18 所示，PCB 编辑器界面的布局与原理图编辑器界面十分相似，主要由主菜单栏、主工具栏、PCB 窗口浏览器、PCB 编辑区、活动工具栏和状态栏等组成。下面介绍 PCB 编辑器界面的主要部分。

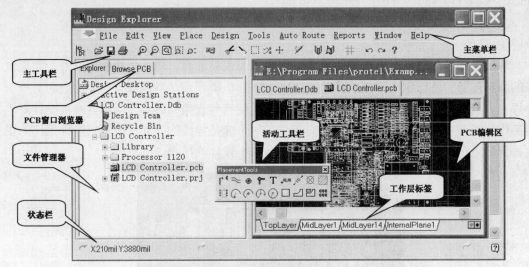

图 6.18　PCB 编辑器界面

（1）主菜单栏

PCB 编辑器的主菜单栏设置与原理图编辑器中的菜单栏类似，但各有特点，多了一个【Auto Route】菜单项，而没有了【Simulate】、【PLD】等原理图编辑器中的菜单项，如图 6.19 所示。

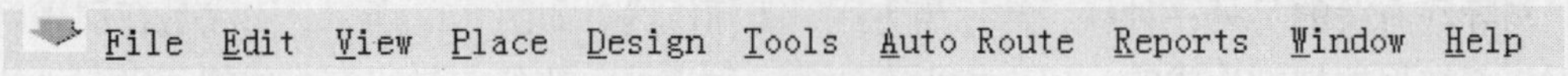

| File Edit View Place Design Tools Auto Route Reports Window Help |

图 6.19　PCB 编辑器的菜单栏

虽然 PCB 编辑器菜单栏中的菜单项名称大部分与原理图编辑器相同，但由于两者处理的对象不同，因此相同菜单项下所包含的命令有很多不同。主菜单中各个菜单的含义如表 6.2 所示。

表 6.2　　　　　　　　　　PCB 编辑器主菜单栏的菜单项及其功能

菜 单 项	主 要 功 能
File	提供新建等基本的文件操作，以及导入导出、打印和历史文件列表
Edit	提供各种基本编辑修改操作，包括复制、粘贴、选取、移动等
View	进行窗口的缩放以及工具栏、工作界面等的显示设置
Place	提供在工作区放置各种 PCB 对象命令，如元件、焊盘等
Design	进行 PCB 规则设置、加载网络表以及浏览元件库等操作

菜　单　项	主　要　功　能
Tools	提供辅助设计的各种工具以及相关参数的设置
Auto Route	提供与自动布线相关的各种命令
Report	生成 PCB 的各种报表
Windows	提供对工作区窗口的排列、关闭等操作
Help	显示系统帮助信息，执行宏操作等

（2）主工具栏

PCB 编辑器的主工具栏也类似于原理图编辑器的主工具栏，一些 PCB 设计中常用的命令也都被制作成了按钮形式放在了主工具栏上，方便用户使用，如图 6.20 所示。各按钮功能及其对应的菜单命令如表 6.3 所示。

图 6.20　PCB 编辑器的主工具栏

表 6.3　　　　　　　　PCB 编辑器主工具栏各选项功能及其对应的菜单命令

菜　单　项	主　要　功　能	对应菜单命令
	显示或隐藏文件管理器	View|Design Manager
	打开	File|Open
	保存	File|Save
	打印	File|Print
	放大显示工作区	View|Zoom In
	缩小显示工作区	View|Zoom Out
	将窗口适合整个图纸	View|Fit Document
	选择要显示的区域	View|Area
	适合当前被选中的对象	View|Selected Objects
	查看 PCB 的三维视图	View|board in 3D
	剪切	Edit|Cut
	粘贴	Edit|Paste
	框选	Edit|Select|Inside Area
	取消对所有对象的选择	Edit|Deselect
	移动所选对象	Edit|Move|Move Selection

续表

菜 单 项	主 要 功 能	对应菜单命令
	交叉定位	Tools|Cross Probe
	加载卸载元件库	Design|Add/Remove Library
	浏览元件库	Design|Browse Library
	设置捕捉网格的大小	Design|Options
	撤销上一步操作	Edit|Undo
	重复上一步操作	Edit|Redo
?	显示帮助	Edit|Content

（3）PCB 窗口浏览器

如图 6.21 所示，PCB 窗口浏览器主要由浏览器窗口及其子窗口、PCB 预览区和当前层设置窗口几部分组成。

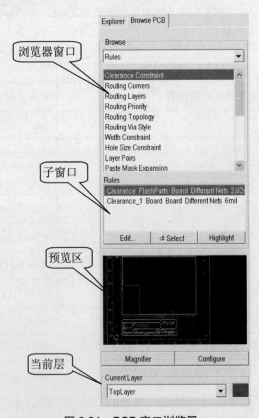

图 6.21　PCB 窗口浏览器

要点提示： 由于 Browse PCB 选项卡的窗口很长，显示器的分辨率只有设在 1024×768 以上才能看到全貌。

132

① 浏览窗口及其子窗口

在浏览窗口中可以通过打开下拉列表选择要浏览的对象类，如图 6.22 所示。选择不同的对象类后，在其下面的窗口中会显示该类中的详细分类，而在下面的子窗口中则会显示当前 PCB 文件包含的具体对象。子窗口的格局会随着浏览窗口的选择而不同，如图 6.23 所示。

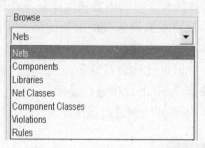

图 6.22 选择浏览对象类型

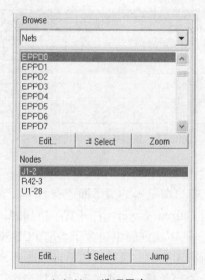 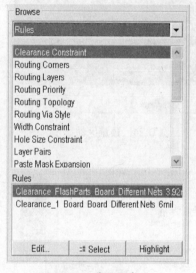

（a）Nets 选项子窗口 （b）Rules 选项子窗口

图 6.23 选择不同的浏览类型子窗口会有不同的显示

子窗口中出现的主要按钮及其含义如下。

- 【Edit】按钮：编辑当前浏览窗口中选择的对象。
- 【Selection】按钮：将当前浏览窗口中选择的对象设置为选择状态。
- 【Zoom】按钮：缩放工作区显示区域。
- 【Jump】按钮：工作区显示跳转到当前浏览窗口中选择的对象。
- 【Place】按钮：放置当前浏览窗口中选择的对象。
- 【Highlight】按钮：将工作区中当前浏览窗口中选择的对象高亮显示。
- 【Detail】按钮：显示当前浏览窗口中选择的对象的详细内容。

② PCB 预览区

在 PCB 预览区可以显示整个 PCB 板的轮廓和当前选择的对象缩略图，并会将 PCB 编辑区当前显示的区域用虚线框标注在其中，如图 6.24 所示。

在该区域有两个按钮，其功能如下。

• 【Magnifier】按钮：放大镜，用鼠标左键单击该按钮后光标会变为一个放大镜形状，同时会将光标所在位置的 PCB 编辑区中的内容按比例显示在预览区中。

• 【Configure】按钮：设置放大镜选项的缩放比例。用鼠标单击该按钮后会弹出如图 6.25 所示的设置窗口，其中有 3 个选项。

■ Low-4:1：按每像素 4 mil 的比例进行显示。

■ Medium-2:1：按每像素 2 mil 的比例进行显示。

■ High-1:1：按每像素 1 mil 的比例进行显示。

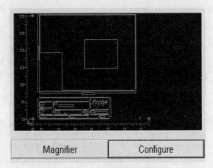

图 6.24　预览区的显示

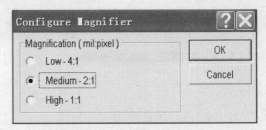

图 6.25　设置缩放显示比例

图 6.26　当前层的设置

③ 设置当前层

在 PCB 窗口浏览器的最下面还有一个设置当前层的选项组 Current Layer，打开其下拉列表，如图 6.26 所示。该下拉列表中包含了当前 PCB 文件中所建立的所有工作层，通过该选项可以选择 PCB 编辑区中显示的当前层。在下拉列表选项旁边还有一个颜色框，提示属于当前层的对象的显示颜色。

（4）PCB 编辑区

由于在 PCB 设计中会涉及板层的概念，因而 PCB 编辑器区与原理图中不同，主要区别是在编辑区下面多了一个用于板层切换的工作层标签。选择工作层标签中的不同板层，编辑区中的显示会有不同，这也是为了方便 PCB 设计而设置的。在切换板层的同时，当前层的选项组 Current Layer 的内容也会做相应的改变。

（5）活动工具栏

① Placement Tools（放置工具栏）

Placement Tools 的打开与关闭的步骤是通过执行菜单命令【View|Toolbars|Placement Tools】来实现的，如图 6.27 所示。该工具栏为用户提供了图形绘制和布线命令。

② Component Placement（元件位置调整工具栏）

Component Placement 的打开与关闭的步骤是通过行菜单命令【View|Toolbars| Component Placement】来实现的，如图 6.28 所示。该工具栏为用户提供了方便元件排列和布局的工具。

图 6.27 Placement Tools 工具栏

图 6.28 Component Placement 工具栏

③ Find Selections（查找选择集工具栏）

Find Selections 的打开与关闭的步骤是通过执行菜单命令【View|Toolbars|Find Selections】来实现的。该工具栏如图 6.29 所示。该工具栏上的按钮允许从一个选择物体以向前或向后的方向走向下一个。这种方式很有用，用户既可以在选择的属性中也能在选择的元件中查找。

图 6.29 Find Selections 工具栏

3．系统参数设置简介

执行菜单命令【Tools|Preferences...】，弹出如图 6.30 所示的 Preferences 对话框。该对话框提供了 PCB 系统参数的设置，用户根据实际需要和自己的喜好来设置这些系统参数，可建立一个自己喜欢的工作环境。下面分别对 Options（特殊功能）、Display（显示状态）、Colors（工作层面颜色）、Show／Hide（显示／隐藏）、Defaults（默认参数）、Signal Integrity（信号完整性）等选项进行设置。

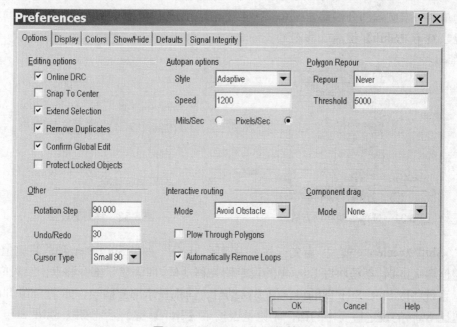

图 6.30 Preferences 对话框

（1）Options 选项卡

进入 Preferences 对话框后，首先显示的是 Options 选项卡的设置界面，如图 6.31 所示。

① Editing options 选项组

该选项组用于设置编辑操作时的一般特性。

- Online DRC：在选中状态下，进行在线的 DRC 检查。

- Snap To Center：在选中状态下，若用光标选取元件时，则光标移动至元件的第 1 脚的位置上；若用光标移动字符串，则光标自动移至字符串的左下角。若没有选中该项，将以光标坐标所在位置选中对象。

- Extend Selection：在选中状态下，执行选取操作时，可连续选取多个对象；否则，在连续选取多个对象时，只有最后一次的选取操作有效，即只有最后一个对象被选中。

- Remove Duplicates：在该选项选中状态下，可自动删除重复的对象。

- Confirm Global Edit：在该选项选中状态下，进行整体编辑操作时，将出现要求确认的对话框。

- Protect Locked Objects：在该选项选中状态下，保护锁定的对象，使之不能执行如移动、删除等操作。

② Autopan options 选项组

该选项组用于设置自动移动功能的相关属性。

- Style：设置自动移功能模式，共 7 种，通过下拉列表选择，如图 6.31 所示。

  ■ Disable 模式：取消移动功能。

  ■ Re-Center 模式：当光标移到编辑区边缘时，系统将光标所在的位置为新的编辑区中心。

  ■ Fixed Size Jump 模式：当光标移到编辑区边缘时，系统将以 Step Size 项的设定值为移动量，向未显示部分移动，图 6.32 中，Step Size 用来设置每步的移动量，Shift Step 用来设置当按下【Shift】键后的移动量。

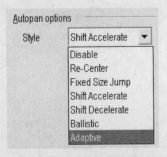

图 6.31　选择自动移动方式

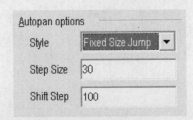

图 6.32　移动量设置

  ■ Shift Accelerate 模式：当光标移到编辑区边缘时，如果 Shift Step 项的设定值比 Step 的设定值要大的话，系统将以 Step 项的设定值为移动量，向未显示部分移动。当按下【Shift】键后，系统将以 Shift Step 项的设定值为移动量，向未显示部分移动。如果 Shift Step 项的设定值比 Step 的设定值要小的话，无论是否按下【Shift】键，系统将以 Shift Step 项的设定值为移动量，向未显示部分移动。

■ Shift Decelerate 模式：当光标移到编辑区边缘时，如果 Shift Step 项的设定值比 Step 的设定值要大的话，系统将以 Shift Step 项的设定值为移动量，向未显示部分移动。当按下【Shift】键后，系统将以 Step 项的设定值为移动量，向未显示部分移动。如果 Shift Step 项的设定值比 Step 的设定值要小的话，无论是否按下【Shift】键，系统将以 Shift Step 项的设定值为移动量，向未显示部分移动。

■ Ballistic 模式：当光标移到编辑区边缘时，越往编辑区边缘移动，移动速度就越快。

■ Adaptive 模式：为自适应模式，系统将会根据当前图形的位置自适应选择移动方式。与前面几种方式不同的是，其速度计算方式采用单位时间的移动量而非每次的跳转量。如图 6.33 所示，其中，Speed 用于设置移动速率，默认值 1 200，Mils/Sec 和 Pixels/Sec 设置用来移动速率单位，分别为 mils/s 和 像素/秒。

③ Polygon Repour 选项组

该选项组用于设置交互布线中的避免障碍和推挤布线方式。

• Repour：设置敷铜的自动重敷功能，通过下列列表进行选择。如图 6.34 所示，有 3 个选项，Never 表示 PCB 板修改后系统不会自动进行重敷，Threshold 表示有范围的自动重敷，Always 表示每次修改电路走线后都会自动重敷。

• Threshold：设置电路布线时推挤布线的距离。

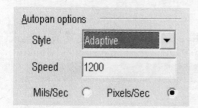

图 6.33 Adaptive 模式移动量设置

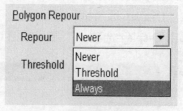

图 6.34 选择自动重敷模式

④ Other 选项组

该选项组用于设置其他的显示项目。

• Rotation Step：用于设置对象旋转角度。在放置对象时，按一次空格键，对象会旋转一个角度。这个旋转角度就是在此设置。系统默认值为 90°，即按一次空格键，对象会旋转 90°。

• Undo／Redo：用于设置撤销操作／重复操作的步数。

• Cursor Types：用于设置光标类型。系统提供了 3 种光标类型，即 Small 90 (小光标 90°)、Large 90 (大光标 90°)、Small 45 (小光标 45°)。

⑤ Interactive routing 选项组

该选项组用于设置布线交互模式和错误检测方式。

• Mode：设置布线交互模式，通过下拉列表进行选择。如图 6.35 所示，共有 3 种模式，Ignore Obstacle 表示忽略障碍，Avoid Obstacle 表示避开障碍，Push Obstacle 表示推开障碍。

• Plow Through Polygons：选中该框，则布线时系统使用多边形来检测布线障碍。

• Automatically Remove Loops：用于设置自动回路删除。选中该框，在绘制一条导线后，如果发现存在另一条回路，则系统将自动删除原来的回路。

⑥ Component drag 选项组

该选项组用于设置电路板中对象的移动方式。如图 6.36 所示，只有一个 Mode 选择项，通过下拉列表进行选择。

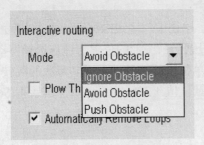

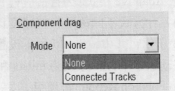

图 6.35　选择布线交互模式　　　　　　　　图 6.36　设置对象移动方式

- Component Tracks：选择该项，在使用菜单命令【Edit|Move|Drag】移动组件时，与组件连接的铜膜导线会随着组件一起伸缩，不会和组件断开。

- None：选择该项，在使用菜单命令【Edit|Move|Drag】移动组件时，与组件连接的铜膜导线会和组件断开，此时菜单命令【Edit|Move|Drag】和【Edit|Move|Move】没有区别。

（2）Display 选项卡

单击 Display 选项卡，显示如图 6.37 所示对话框，该选项卡用于设置显示模式。

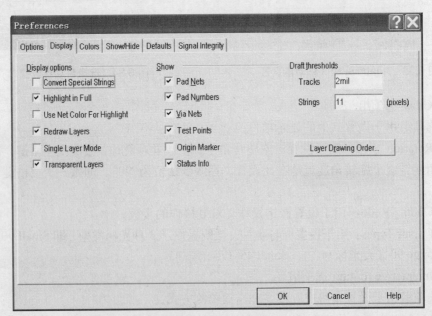

图 6.37　Display 选项卡

① Display options 选项组

该选项组用来设置屏幕显示模式。

- Convert Special Strings：用于设置是否将特殊字符串转化它所代表的文字。

138

- Highlight in Full：用于设置是否将选中的对象全部高亮显示，如果不选中该项，则被选取的对象仅会将其边框高亮显示。
- USE Net Color For Highlight：该项有效时，选中的网络将以该网络所设置的颜色来显示。
- Redraw Layers：当该项有效时，每次切换板层时系统都要重绘各板层的内容，而工作层将绘在最上层。否则，切换板层时就不进行重绘操作。
- Single Layer Mode：用于设置只显示当前编辑的板层，其他层不被显示。
- Transparent Layers：用于设置所有的板层都为透明状，此时当前层的导线和焊点不会遮挡住其他层的对象。

② Show 选项组

该选项组用来设置电路板显示模式。

- Pad Nets：用于设置是否显示焊盘的网络名称。
- Pad Number：用于设置是否显示焊盘序号。
- Via Nets：用于设置是否显示通孔的网络名称。
- Test Points：用于设置是否显示测试点。
- Origin Marker：用于设置是否显示当前的原点标志。
- Status Info：用于设置是否显示当前的状态信息。

③ Draft thresholds 选项组

该选项组用于设置在草图模式中走线宽度和字符串长度的临界值。

- Tracks：走线宽度临界值，默认值为 2 mil。大于此值的走线将以空心线来表示，否则以细直线来表示。
- Strings：字符串长度临界值，默认值为 11 pixels。大于此值的字符串将以细线来表示，否则将以空心方块来表示。

④ 【Layer Drawing Order】按钮

【Layer Drawing Order】按钮的功能是设定板层顺序。点击此按钮，会出现如图 6.38 所示的对话框。

在列表框中，先选择要编辑的工作层，再单击【Promote】或【Demote】按钮，可提升或降低该工作层的绘制顺序。单击【Default】按钮，可将工作层的绘制顺序恢复到默认状态。

（3）Colors 选项卡

Colors 选项卡主要用来调整各板层和系统对象的显示颜色，如图 6.39 所示。其中，各选项组的内容与 Document Options 对话框中的 Layer 选项卡相同。板层颜色设置对话框的下面有两个按钮，【Default Colors】按钮和【Classic Colors】按钮。点击【Default Colors】按钮，板层颜色被恢复成系统默认的颜色。点击【Classic Colors】按钮，系统会

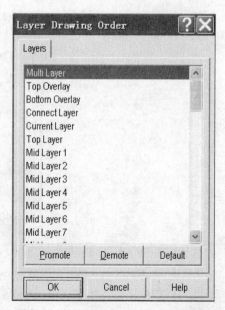

图 6.38　Layer Drawing Order 对话框

将板层颜色指定为传统的颜色，即 DOS 中采用的黑底设计界面。

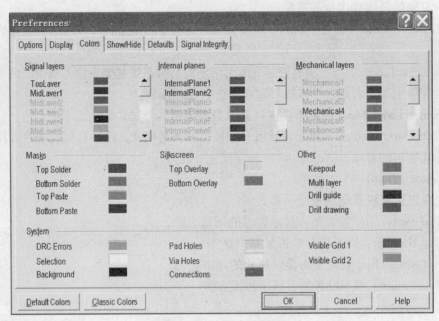

图 6.39　Colors 选项卡

设置板层颜色时，点击板层右边的颜色块，即可打开 Choose Color 对话框，如图 6.40 所示。在这里可以修改对象显示的颜色。

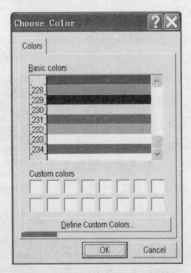

图 6.40　Choose Color 对话框

（4）Show／Hide 选项卡

单击 Preferences 对话框中的 Show／Hide 标签，打开如图 6.41 所示的 Show／Hide 选项卡。该选项卡可以对 10 个对象的显示模式进行选择，对每一个对象，都有相同的 3 种显示模式，即 Final（精细）显示模式、Draft（简易）显示模式和 Hidden（不显示）模式。

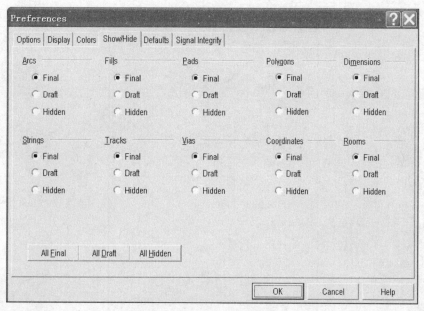

图 6.41　Show／Hide 选项卡

（5）Defaults 选项卡

单击 Preferences 对话框中的 Defaults 标签，进入如图 6.42 所示的界面。该选项卡主要用来设置各电路板对象的默认属性值。

例如，选择 Component 选项，用鼠标单击【Edit Values】按钮，会打开如图 6.43 所示的元件属性对话框，在这里可以对元件的默认属性进行设置。如果选中图 6.42 中的 Permanent 选项，则对对象属性默认值所作的修改会被永久保存。

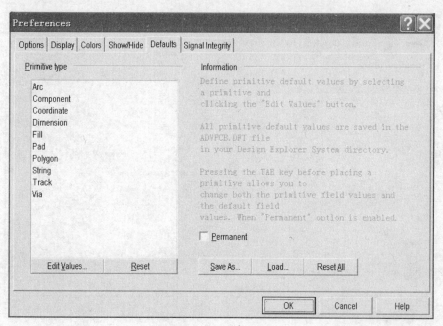

图 6.42　Defaults 选项卡

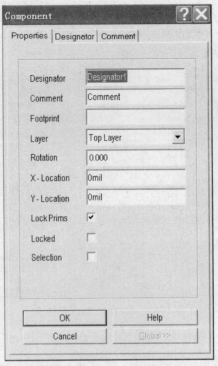

图 6.43　Show / Hide 选项卡

（6）Signal Integrity 选项卡

单击 Preferences 对话框中的 Signal Integrity 标签，进入如图 6.44 所示的界面。通过该选项卡可以设置元件标号和元件类型之间的对应关系，为信号完整性分析提供信息。

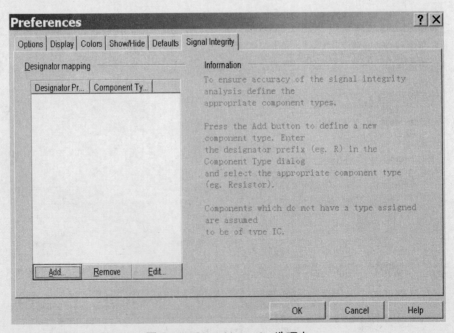

图 6.44　Signal Integrity 选项卡

单击【Add】按钮，系统将弹出如图 6.45 所示的 Component Type 设置对话框，在该对话框中，可以输入所用的元件标号，此外，用户还需要从 Component Type 下拉列表中选择元件类型。

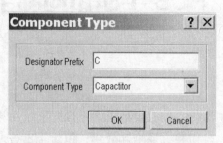

图 6.45　Component Type 对话框

设置好的元件标号和元件类型会添加到图 6.44 中的 Designator mapping 列表框中。单击【Remove】按钮，可以从列表中删除元件标号和元件类型；单击【Edit】按钮，可以打开对应的 Component Type 设置对话框来修改设定值。

【练一练】

① 进入 Protel 安装目录下的 Examples 子目录，打开任意一个 Protel 自带的设计数据库文件，并通过打开其中的一个 PCB 文件进入 PCB 编辑器环境，观察 PCB 编辑区各工作层的显示，判断该 PCB 为几层板。

② 在上述练习的基础上，练习 PCB 编辑器界面的管理，熟悉工作画面进行放大、缩小、刷新和局部显示等操作。

项目七 PCB 手动布局和手动布线

【项目内容】

简单电路的印制电路板设计，可以采用手工布局和手工布线；对于比较复杂的电路，可以采用自动布局和自动布线以提高速度和效率，但对于不合理的地方，仍然需要采用手工方式对布局和布线进行调整。本项目以如图 7.1 所示的一个由三端集成稳压器构成的 +15 V 线性电源单面板为例，详细介绍手工布局和布线的方法、常用的工具和技巧等。

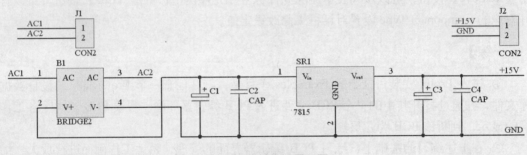

图 7.1 线性电源原理图

【项目目标】

（1）掌握手动布局的操作方法。

（2）掌握手动布线的操作方法。

（3）掌握放置工具栏相应按钮的使用。

【操作步骤】

1. 启动 PCB 编辑器

（1）创建一个设计数据库文件，打开 Documents 文件夹，执行菜单命令【File|New】，弹出如图 7.2 所示的 New Document 对话框，选取其中的 PCB Document 图标，单击【OK】按钮，即在 Documents 文件夹中建立一个新的 PCB 文件，默认名为"PCB1"，扩展名为.PCB，此时可更改文件名。

（2）在工作窗口中双击或在设计管理器中单击 PCB1.PCB 文件图标，就可启动 PCB 编辑器，如图 7.3 所示。

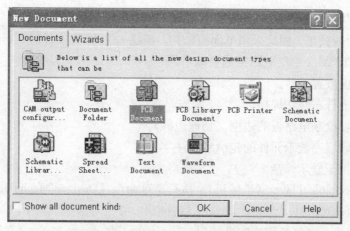

图 7.2 New Document 对话框

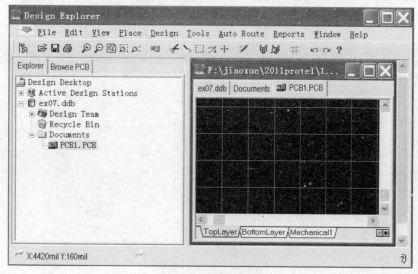

图 7.3 PCB 编辑器

2. 手工布局与布线

（1）设置布局范围

① 设置 Relative Origin（相对原点）

为了便于规划电路板，可以自行定义坐标系，设置 Relative Origin（相对原点，或称当前原点）。

a. 单击 Placement Tools 工具栏中的 ⌧ 按钮，或执行菜单命令【Edit|Origin|Set】，光标变成十字形。

b. 将光标移到要设为相对原点的位置（最好位于可视栅格线的交叉点上），单击鼠标左键，可将该点设为用户定义坐标系的原点。

要点提示： 若要想恢复原来的坐标系，执行菜单命令【Edit|Origin|Reset】即可。通过执行菜单命令【Edit|Jump】，在弹出的子菜单中选择对应的命令，可以在 Relative Origin 和 Absolute Origin 之间切换。

② 设置工作层

由于电路比较简单，因此采用单面板结构。新建一个 PCB 文件时，系统默认信号层为两层，即顶层和底层。单层电路板需要以下层。

- 顶层：仅放置元件。
- 底层：进行布线和焊接。
- 机械层：绘制电路板的边框（物理边界）。
- 顶层丝印层：显示元件的轮廓和标注字符。
- 多层：用于显示焊盘。

a. 设置 Mechanical layer（机械层）。执行菜单命令【Desigen|Mechanical Layer】，弹出如图 7.4 所示的 Setup Mechanical Layers（机械层设置）对话框，其中已经列出 16 个机械层。单击某复选框，可打开相应的机械层，并可设置层的 Layer Name（名称）、Visible（是否可见）、Display in Single Layer Mode（是否在单层显示时放到各层）等参数。如图 7.4 所示，设置了 PCB 的机械层为 Mechanical1。

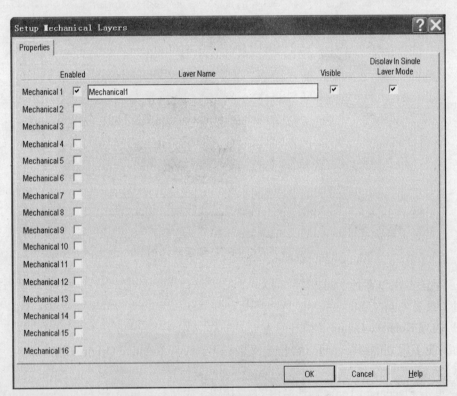

图 7.4　Setup Mechanical Layers 对话框

b. 执行菜单命令【Design|Option】，系统将弹出 Document Options 对话框。如图 7.5 所示，设置好 Layers 选项卡。

c. 单击 Options 选项卡，如图 7.6 所示，设置好 Options 选项卡。

③ 确定电路板的尺寸大小

本项目中定义该板为长方形，X 方向长 2 360 mil，Y 方向高 2 560 mil。

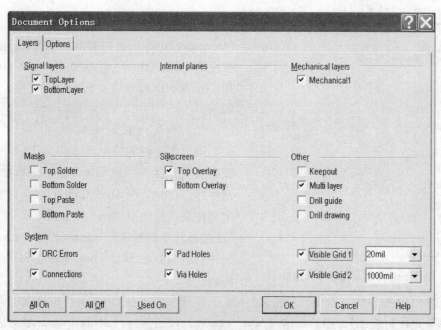

图 7.5 设置 Layers 选项卡

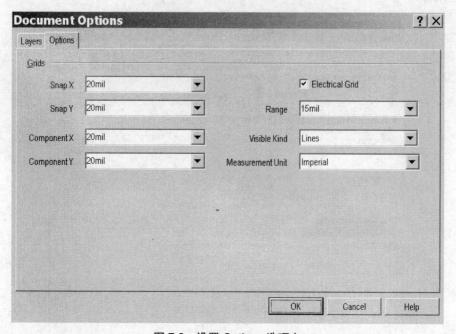

图 7.6 设置 Options 选项卡

a．选择当前工作层为机械层：用鼠标单击图 7.7 中工作层标签的 Mechanical1，则当前工作层变为机械层。

图 7.7 选定当前工作层 Mechanical1

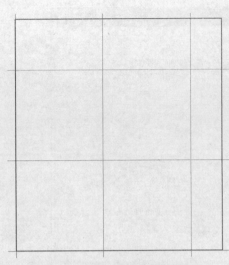

图 7.8　绘制好的电路板外形边界

b．执行菜单命令【Place|Line】，或单击 Placement Tools 工具栏的放置 ≈ 按钮，按照 4 个端点的坐标：(0, 0)、(2360, 0)、(2360, 2560) 和 (0, 2560) 绘制电路板的物理边界，如图 7.8 所示。

（2）加载 PCB 元件库

确定电路板的外形尺寸后，可以开始向电路板中放置元件。在放置元件前，需要加载 PCB 元件库。Protel 99 SE 在\Library\Pcb 路径下有 3 个文件夹，提供 3 类 PCB 元件，即 Connector（连接器元件封装库）、Generic Footprints（普通元件封装库）和 IPC Footprints（IPC 元件封装库）。

① 在 PCB 窗口浏览器中，单击 Browse PCB 选项卡，在 Browse 下拉列表框中，选择 Libraries（元件封装库），然后单击【Add/Remove】按钮，打开 PCB Libraries 对话框，如图 7.9 所示。

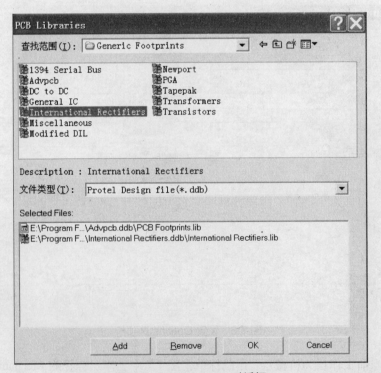

图 7.9　PCB Libraries 对话框

② 在弹出的 PCB Libraries 对话框中，加载\Library\Pcb\Generic Footprints 目录下的元件封装库 Advpcb.ddb 和 International Rectifiers.ddb，加载方法与加载原理图元件库的方法相同。

要点提示： 如果要移除 PCB 元件库的操作，则在图 7.9 所示的 Selected Files 框中，选取要移除的 PCB 元件库文件，单击【Remove】按钮。

③ 元件封装库加载完毕后，PCB 窗口浏览器的界面如图 7.10 所示。单击 Component 子窗口下面的【Edit】按钮可以进入元件封装库编辑界面；单击【Place】按钮可以在 PCB 编辑窗口放置元件封装。

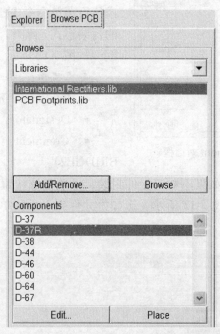

图 7.10　加载了元件封装库的 PCB 浏览器窗口

（3）手工布局

加载元件封装库后，就可以根据原理图进行元件封装的放置和布局。图 7.1 中元件的封装及所在的元件封装库如表 7.1 所示。

表 7.1　　　　　　　　　　　　元件属性一览表

Lib Ref 元件名称	Designator 元件标号	Part Type 元件标注	Footprint 封装形式	所属元件封装库
BRIDGE2	B1	BRIDGE2	D-37	International Rectifiers.lib
CAP	C2	CAP	RAD0.2	Advpcb.ddb
CAP	C4	CAP	RAD0.2	International Rectifiers.lib
CON2	J1	CON2	SIP2	International Rectifiers.lib
CON2	J2	CON2	SIP2	International Rectifiers.lib
ELECTRO1	C1	ELECTRO1	RB.3/.6	International Rectifiers.lib
ELECTRO1	C3	ELECTRO1	RB.3/.6	International Rectifiers.lib
VOLTREG	SR1	7815	TO-220	International Rectifiers.lib

① 单面板是在顶层放置元件，如图 7.11 所示，选定当前工作层 TopLayer。

\TopLayer∕BottomLayer∕Mechanical1∕TopOverlay∕MultiLayer∕

图 7.11　选定当前工作层 TopLayer

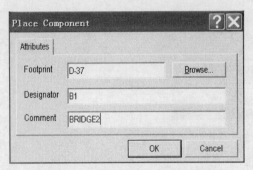

图 7.12　Place Component 对话框

② 单击 Placement Tools 工具栏的▥按钮，或执行菜单命令【Place|Component】，放置元件的封装形式，此时，弹出 Place Component 对话框，如图 7.12 所示。

要点提示： 图 7.12 中各选项说明如下。

- Footprint：元件封装的名称（如 D-37）。
- Designator：元件的标号（如 B1）。
- Comment：元件的型号或标称值（如 BRIDGE2）。

- 【Browse】按钮：如果不知道元件封装，可单击该按钮，弹出 Browse Library（元件封装库浏览）窗口，如图 7.13 所示，选择好元件封装后，单击【Close】按钮，回到如图 7.12 所示的对话框。

图 7.13　Browse Library 对话框

③ 设置完毕后单击【OK】按钮，光标变成十字形，并在光标上附着所选的元件封装。移动光标到放置元件的位置，可用空格键旋转元件的方向，最后单击鼠标左键确定。

④ 系统再次弹出放置元件的对话框，可继续放置元件或单击【Cancel】按钮，结束命令状态。

⑤ 放置好所有元件封装后，适当调整布局，包括对元件标注的调整，调整完毕后的布局如图 7.14 所示。

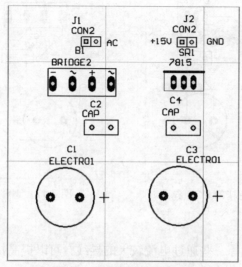

图 7.14　布局完毕的 PCB 界面

要点提示：为了让电路板更美观，在布局和布线结束之后，均要对元件标注字符的位置、大小和方向等进行调整。调整的原则是：标注要尽量靠近元件，以指示元件的位置；标注的方向尽量统一，排列有序；标注不要放在元件的下面，焊盘和过孔的上面。另外，在放置元件封装之前，最后对电路板的布局有一个大概的规划，一次到位，以节省时间。

（4）手工布线

① 手工布线

放置完所有元件后，可以进行手工布线。

要点提示：布线的一般原则如下。

- 相邻导线之间要有一定的绝缘距离。
- 信号线在拐弯处不能走成直角。
- 电源线和地线的布线要短、粗且避免形成回路。

a. 单层板手工布线是在底层各焊盘间放置导线，因此，将电路板的当前工作层切换为 Bottom Layer（底层），如图 7.15 所示。

TopLayer / BottomLayer / Mechanical1 / TopOverlay / MultiLayer /

图 7.15　选定当前工作层 BottomLayer

b. 执行菜单命令【Place|Interactive Routing】，或单击 Placement Tools 工具栏的 按钮，进行导线的放置。导线放置完毕的 PCB 界面如图 7.16 所示。

c. 将电路板的当前工作层切换为 TopOverlay（丝印层）或 Mechanical1（机械层），执行菜单命令【Place|String】，或单击 Placement Tools 工具栏的 T 按钮，放置交流输入、直流输出的标注，并对元件标注等的位置作适当地调整，如图 7.17 所示。

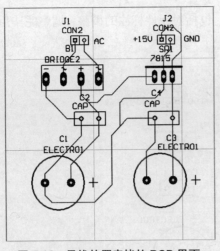

图 7.16　导线放置完毕的 PCB 界面

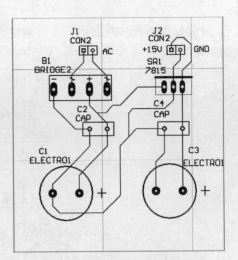

图 7.17　调整完毕的 PCB 界面

② 电源和地线加宽

加宽电源线和接地线等一些通过电流较大的导线，可以提高抗干扰能力，提高系统的可靠性。

a．双击需要加宽的电源线或接地线，弹出 Track（导线）属性对话框，如图 7.18 所示。

b．修改 Track 对话框中的 Width 属性值为 20 mil，单击【OK】按钮。

c．加宽其他电源线或接地线，加宽之后的效果如图 7.19 所示。

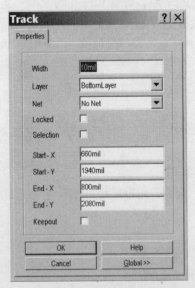

图 7.18　Track 属性对话框

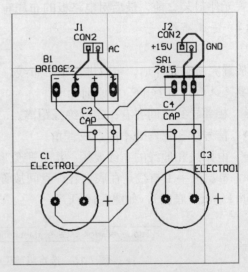

图 7.19　导线加宽后的 PCB 界面

③ 补泪滴操作

为了增强电路板的铜膜导线与焊盘（或过孔）连接的牢固性，避免因钻孔而导致断线，需要将导线与焊盘（或过孔）连接处的导线宽度逐渐加宽，形状就像一个泪滴，所以这样的操作称补泪滴。下面将两个插座 J1 和 J2 的焊盘改为泪滴形焊盘。

a．使用适当的对象选取方法选取插座 J1 和 J2。

b．执行菜单命令【Tools|Teardrops】，弹出 Teardrops Options（泪滴属性）设置对话框，如图 7.20 所示。

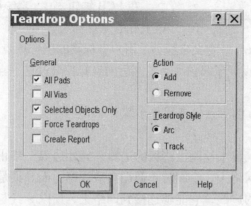

图 7.20　Teardrops Options 对话框

要点提示：图 7.20 中主要设置参数含义如下。

- General 选项组。
- All Pads：对符合条件的所有焊盘进行补泪滴操作。
- All Vias：对符合条件的所有过孔进行补泪滴操作。
- Selected Objects Only：只对选取的对象进行补泪滴操作。
- Force Teardrops：将强迫进行补泪滴操作。
- Create Report：把补泪滴操作数据存成一份.Rep 报表文件。
- Action 选项组：单击【Add】单选按钮，将进行补泪滴操作；单击【Remove】单选按钮，将进行删除泪滴操作。
- Teardrops Style 选项组：单击【Arc】单选按钮，将用圆弧导线进行补泪滴操作；单击【Track】单选按钮，将用直线导线进行补泪滴操作。

c．在对话框中设置好参数，如图 7.20 所示，最后单击【OK】按钮结束。补泪滴后的效果如图 7.21 所示。

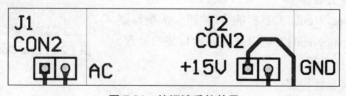

图 7.21　补泪滴后的效果

【相关知识】

1．放置工具栏的使用

在 PCB 设计过程中，会经常使用到放置工具栏 Placement Tools。在此介绍 Placement Tools 工具栏中部分按钮的使用，其余按钮在相应的项目中介绍。执行菜单命令

图 7.22 Placement Tools 工具栏

【View|Toolbars|Placement Tools】，即可打开 Placement Tools 工具栏，如图 7.22 所示。

（1）设置 Relative Origin（相对原点）

在 PCB 编辑器中，系统已经定义了一个坐标系，该坐标的原点称为 Absolute Origin（绝对原点）。为了便于规划电路板，可以自行定义坐标系。用户坐标系的坐标原点称 Relative Origin（相对原点），或称当前原点。设置了当前原点，之后的坐标都会以这一点为基准进行显示，方便了 PCB 的设计。

设置 Absolute Origin 的方法参考操作步骤。

（2）放置连线

连线一般是在非电气层上绘制电路板的边界、元件边界、禁止布线边界等，它不具有电气特性，不能连接到网络上，绘制时不遵循布线规则。而导线是在电气层上元件的焊盘之间构成电气连接关系的连线，它能够连接到网络上，所以导线与连线是有所区别的。

① 连线放置步骤

a．执行菜单命令【Place|Line】，或单击 Placement Tools 工具栏的放置 按钮，光标变成十字形。

b．放置直线：将光标移到连线的起点，单击鼠标左键；然后将光标移动到连线的终点，再单击鼠标左键，则绘制出一条直线。单击鼠标右键，结束绘制。

c．放置折线：与绘制直线操作方法类似，不同的是当导线出现 90° 或 45° 转折时，在终点处要双击鼠标左键。

d．放置完连线后，光标仍处于十字形，可以继续进行连线放置，此时如果单击鼠标右键，则退出该命令状态。

② 连线参数设置

在连线的放置过程中按下【Tab】键，弹出 Line Constraints 对话框，如图 7.23 所示。该对话框可以设置连线宽度 Line Width 和所在的层 Current Layer。

（3）放置元件封装

① 元件封装放置步骤

单击 Placement Tools 工具栏的 按钮，或执行菜单命令【Place|Component】，可以进行元件封装的放置，具体方法参考操作步骤。

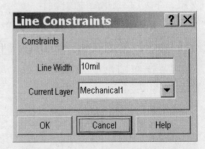

图 7.23 Line Constraints 对话框

② 元件封装属性设置

a．采用以下方式均可弹出如图 7.24 所示的 Component（元件属性设置）对话框。

• 在放置元件封装的过程中，按下【Tab】键。

• 用鼠标左键双击某放置好的元件封装。

• 用鼠标右键单击某放置好的元件封装，在弹出的快捷菜单中选择【Properties】命令。

• 执行菜单命令【Edit|Change】，光标变成十字形，选取元件。

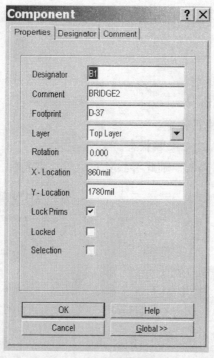

图 7.24 Component 对话框

b．图 7.24 所示对话框中各参数的含义说明如下。

● Properties 选项卡。

■ Designator：设置元件的标号。

■ Comment：设置元件的型号或标称值。

■ Footprint：设置元件的封装。

■ Layer：设置元件所在的层。

■ Rotation：设置元件的旋转角度。

■ X-Location 和 Y-Location：元件所在位置的 X、Y 方向的坐标值。

■ Lock Prims：此项有效，该元件封装图形不能被分解开。

■ Selection：此项有效，该元件处于被选取状态，呈高亮。

● Designator 和 Comment 选项卡：这两个选项卡的功能是对元件的 Designator 和 Comment 属性的进一步设置，由于较容易理解，在此不再赘述。

（4）放置导线

① 导线放置步骤

执行菜单命令【Place|Interactive Routing】，或单击 Placement Tools 工具栏的 按钮，进行导线的放置，其余步骤与放置连线类似。

② 导线参数设置

a．在放置导线过程中按下【Tab】键，弹出 Interactive Routing（交互式布线）设置对话框，如图 7.25 所示。主要设置导线的所在层 Layer、宽度 Trace Width、过孔的外径尺寸 Via Diameter 和通孔大小 Via Hole Size。

b．在放置导线完毕后，用鼠标左键双击该导线，弹出导线属性对话框，如图 7.26 所示。其中各参数说明如下。

- Width：导线宽度。
- Layer：导线所在的层。
- Net：导线所在的网络。
- Locked：导线位置是否锁定。
- Selection：导线是否处于选取状态。
- Keepout：该复选框选取，则此导线具有电气边界特性。

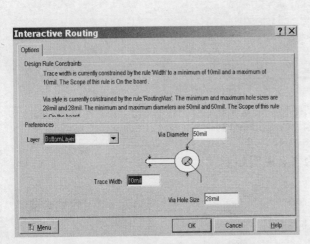

图 7.25　Interactive Routing 对话框

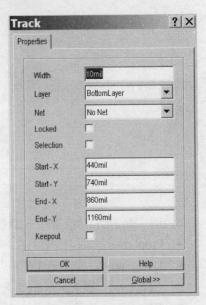

图 7.26　Track 对话框

（5）放置字符串

在设计 PCB 时，常需要放置一些字符串，说明本电路板的功能、设计序号和生产时间等。这些字符串可以放置在机械层，也可以放置在丝印层。

① 字符串放置步骤

a．单击 Placement Tools 的 T 按钮，或执行菜单命令【Place|String】，光标变成十字形，且光标上带有字符串。此时按下【Tab】键，将弹出 String（字符串属性设置）对话框，如图 7.27 所示，在属性对话框中设置有关参数。

b．设置完毕后，单击【OK】按钮，退出对话框。将光标移到相应的位置，单击鼠标左键确定，完成一次放置操作，此时，系统还处于放置状态，可以继续放置其他字符串，双击鼠标左键或单击右键可以结束放置状态。

② 字符串参数设置

在放置字符串的过程中，按下【Tab】键，或用鼠标左键双击放置好的字符串，弹出如图 7.27 所示的 String（字符串属性设置）对话框，其中的各项设置说明如下。

- Text：设定所要显示的文字，可以自己输入文字，也可指定字符串变量。

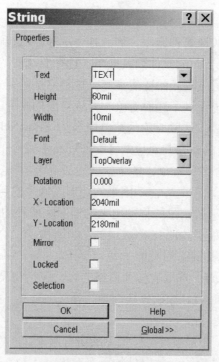

图 7.27　String 对话框

要点提示：字符串变量是一种在打印或输出报表时，根据 PCB 文件信息进行解释输出的字符串。如果要字符串变量起作用，在环境设置 Tools|Prefernces 时，在 Display 选项卡中选取 Convert Special String 选项。

- Height：设置文字高度。
- Width：设置文字宽度。
- Fond：设置文字字体。单击右边下拉按钮，将出现字体设置选项，分别是：Default（缺省设置）、Sans Serif（无底线设置）、Serif（有底线设置）。
- Layer：设置文字所在的层。
- Rotation：设置文字旋转角度。
- X-Location：设置文字 X 轴坐标。
- Y-Location：设置文字 Y 轴坐标。
- Mirror：设置是否将文字水平翻转。
- Locked：设置是否锁定文字的位置。
- Selection：设置文字是否处于选择状态。

2. **对象的选取**

在对对象进行操作之前，需要先选取对象。

（1）第一种方法：按住鼠标左键，拖出一个矩形框，把选取的对象包含进去，放开鼠标，被选取的对象变成高亮。

（2）第二种方法：单击主工具栏的 按钮，光标变成十字形，拖出一个矩形框，把选取的对象包含进去，放开鼠标左键，被选取的对象变成高亮。单击主工具栏的 按钮，则释放被选取的对象。

（3）第三种方法：在 PCB 管理器中，单击 Browse PCB 选项卡，在 Browse 下拉列表框中，选取 Components，在下面的元件列表框中，选择要选取的元件标号，单击【Select】按钮，会发现工作窗口中对应的元件变成高亮。这种方法适合于自动布局。

（4）第四种方法：系统提供了选取对象和释放对象的命令。选取的对象包括元件、导线、焊盘、过孔和字符串等。选取对象的菜单命令为【Edit|Select】；释放对象的的菜单命令为【Edit|Deselect】，其中的命令与对应的【Edit|Select】命令的功能相反，操作方法一样。【Edit|Select】子菜单下包含多种命令，各命令功能如下。

- 【Inside Area】：选取用鼠标拖动出来的矩形区域中的所有对象。
- 【Outside Area】：选取用鼠标拖动出来的矩形区域外的所有对象。
- 【All】：选取电路板中的所有对象。
- 【Net】：选取组成某网络的对象。
- 【Connected Copper】：选取连接为通路的铜，包括铜膜导线、焊盘和过孔等。
- 【Physical Connection】：选取连接焊盘的导线和过孔。执行该命令，用光标单击两个焊盘之间的连线即可。
- 【A11 On Layer】：选定当前工作层上的所有对象。
- 【Free Objects】：选取除元件以外的所有对象。
- 【All Locked】：选取所有被锁定的对象。
- 【Off Grid Pads】：选取所有不在电气栅格上的焊盘。
- 【Hole Size】：选取指定内孔直径的焊盘和过孔。
- 【Toggle Selection】：执行命令后，用光标单击某个对象，则该对象会在选取状态和非选取状态之间切换。

【练一练】

① 绘制如图 7.28 所示印制电路板图，图 7.29 所示为对应的原理电路。要求如下。

a．电路板尺寸：长 3 160 mil，高 1 240 mil。

b．绘制单面板，其中信号线宽度 10 mil，VCC 线宽度 20 mil，GND 线宽度 30 mil。

c．各输入、输出端和电源、接地端分别用字符标注，如图 7.28 所示。

表 7.2　　　　　　　　　　　　　题①所属元件一览表

Lib Ref 元件名称	Designator 元件标号	Footprint 封装形式	所属元件库	所属元件封装库
74LS00	U1	DIP14	Protel DOS Schematic Libraries.ddb	Advpcb.ddb
74LS02	U2	DIP14	Protel DOS Schematic Libraries.ddb	Advpcb.ddb
74LS08	U3	DIP14	Protel DOS Schematic Libraries.ddb	Advpcb.ddb
CON4	JP1	SIP4	Miscellaneous Devies.ddb	Advpcb.ddb
CON4	JP2	SIP4	Miscellaneous Devies.ddb	Advpcb.ddb

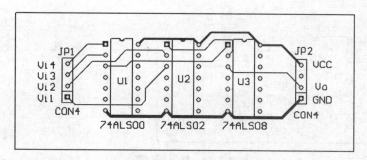

图 7.28 题①参考布局图

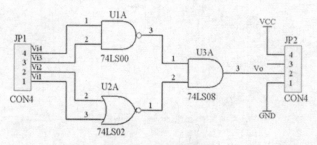

图 7.29 题①原理图

② 绘制图 7.30 所示印制电路板图，图 7.31 为所对应的原理电路。要求如下。

a．电路板尺寸：长 1 740 mil，高 1 160 mil。

b．绘制单面板，其中信号线宽度 10 mil，电源线宽度 20 mil，接地线宽度 30 mil。

表 7.3   题②所属元件一览表

Lib Ref 元件名称	Designator 元件标号	Footprint 封装形式	所属元件库	所属元件封装库
4011	U1	DIP14	Protel DOS Schematic Libraries.ddb	Advpcb.ddb
RES2	R3	AXIAL0.4	Miscellaneous Devies.ddb	Advpcb.ddb
RES2	R4	AXIAL0.4	Miscellaneous Devies.ddb	Advpcb.ddb
CAP	C2	RAD0.2	Miscellaneous Devies.ddb	Advpcb.ddb
CON3	JP1	SIP3	Miscellaneous Devies.ddb	Advpcb.ddb

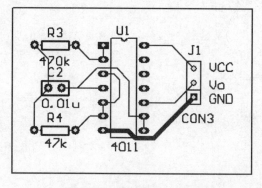

图 7.30 题②参考布局图

159

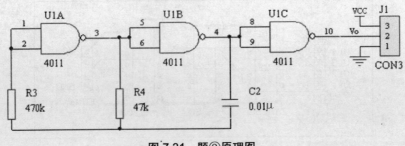

图 7.31　题②原理图

项目八　PCB 元件库编辑

【项目内容】

在项目四中创建了一个 LED 数码显示管元件 MY_LED，在本项目中，首先创建一个元件封装库，然后在该库中创建元件 MY_LED 的封装。MY_LED 的外形尺寸如图 8.1 所示，两列之间的间距为 600 mil，同列的引脚之间的间距为 100 mil。

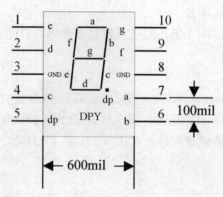

图 8.1　MY_LED 数码显示管及外形尺寸

【项目目标】

（1）掌握元件封装库编辑器的基本操作。

（2）掌握利用向导创建元件封装的方法。

（3）掌握手工创建元件封装的方法。

【操作步骤】

1. 启动元件封装库编辑器

（1）新建元件封装库文件

① 新建或打开一个设计数据库文件。

② 打开 Documents 文件夹，在工作窗口的空白处单击鼠标右键，在弹出的快捷菜单中选择命令【New】，系统弹出 New Document 对话框，选择 PCB Library Document 图标，如图 8.2 所示。

③ 单击【OK】按钮，在 Documents 文件夹中建立了一个元件封装库文件，这时可重新命名或使用系统默认的文件名。在此使用系统默认文件名 PCBLIB1.LIB，如图 8.3 所示。

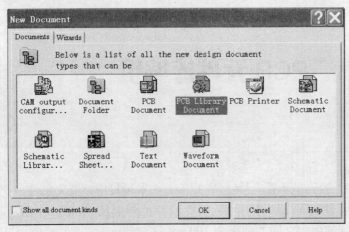

图 8.2 New Document 对话框

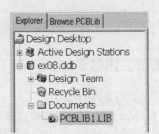

图 8.3 新建元件封装库文件

（2）启动元件封装库编辑器

单击封装库文件 PCBLIB1.LIB，即进入封装库编辑器界面，如图 8.4 所示。

2．利用向导创建封装

（1）创建封装

① 单击图 8.4 中的 Browse PCBLib 选项卡，打开 PCB 元件库管理器，如图 8.5 所示。

② 单击图 8.5 中的【Add】按钮，或执行菜单命令【Tools|New Component】，系统弹出 Component Wizard（封装创建向导）对话框，如图 8.6 所示。

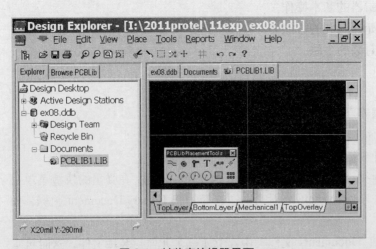

图 8.4 封装库编辑器界面

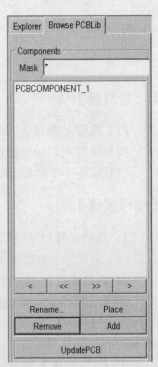

图 8.5 PCB 元件库管理器

图 8.6　封装创建向导对话框

③ 单击图 8.6 中的【Next】按钮，系统弹出选择封装模板对话框，如图 8.7 所示。

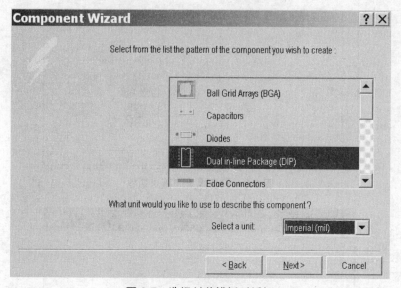

图 8.7　选择封装模板对话框

④ 在图 8.7 中的滚动列表中选择 Dual in-line Package（DIP），在尺寸单位下拉列表中选择 Imperal（mil），然后单击【Next】按钮进入下一步，系统弹出焊盘属性对话框，如图 8.8 所示。

⑤ 按图 8.8 所示设置好焊盘尺寸及孔径，单击【Next】按钮进入设置焊盘间距对话框，如图 8.9 所示。

⑥ 按图 8.9 所示设置好焊盘间距，单击【Next】按钮进入轮廓外形线条设置对话框，如图 8.10 所示。

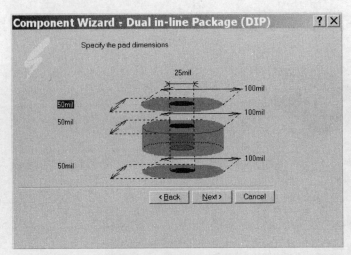

图 8.8　焊盘属性对话框

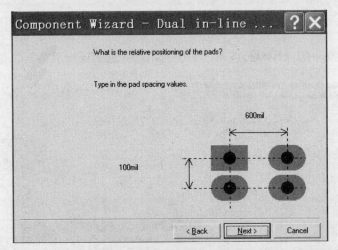

图 8.9　设置焊盘间距对话框

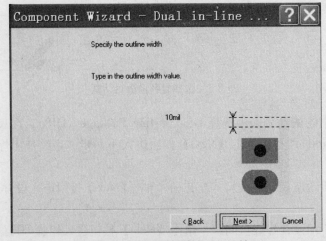

图 8.10　轮廓外形线条设置对话框

⑦ 按图 8.10 所示设置好轮廓外形线条（这里保持默认设置不变），单击【Next】按钮进入焊盘数目设置对话框，如图 8.11 所示。

⑧ 按图 8.11 所示，设置焊盘数目为"10"。单击【Next】按钮进入封装名称设置对话框，如图 8.12 所示。

⑨ 按图 8.12 所示，设置封装名称为"MY_LED_FT"，单击【Next】按钮进入完成向导对话框，如图 8.13 所示。

⑩ 单击图 8.13 中的【Finish】按钮，完成封装的初步绘制。如图 8.14 所示，封装库出现了名称为 MY_LED_FT 的封装，在工作窗口中出现封装 MY_LED_FT 的外形。

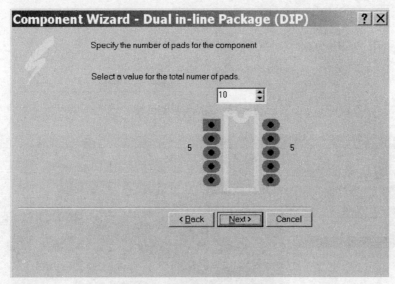

图 8.11 焊盘数目设置对话框

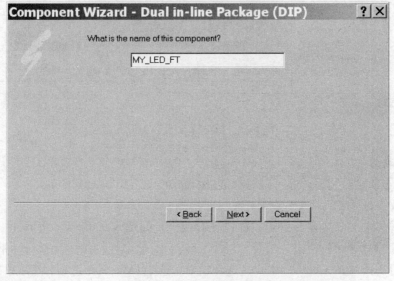

图 8.12 封装名称设置对话框

图 8.13　完成向导对话框

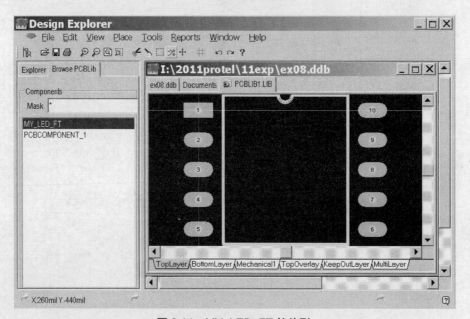

图 8.14　MY_LED_FT 的外形

（2）修改封装

利用向导创建封装后，还可以对封装进行修改。

① 修改焊盘

a. 双击其中一个焊盘，弹出属性设置对话框，如图 8.15 所示，将 Hole Size 设置为 32 mil，单击【Global】按钮，出现如图 8.16 所示对象属性的整体编辑对话框。

b. 在图 8.16 中的 Copy Attributes 选项组中，选中 Hole Size 选项，然后单击【OK】按钮，出现如图 8.17 所示的确认对话框。

c. 在图 8.17 所示对话框中选择【Yes】按钮，确认修改，完成了焊盘属性的修改。

图 8.15　Pad 对话框

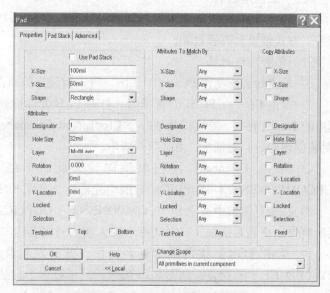

图 8.16　Pad 属性整体编辑对话框

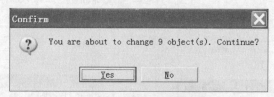

图 8.17　确认对话框

② 修改外形轮廓

a．将当前层设为 TopOverlay。

b．删除原来的外形轮廓线。

c．单击绘图工具栏 PcbLibPlacementTools 中的 $\approx$ 按钮，在 TopOverlay 丝印层中绘制数码管外形轮廓中的直线；单击 PcbLibPlacementTools 中的 $\odot$ 按钮，绘制圆弧。至此，数码管封装创建完毕，如图 8.18 所示。

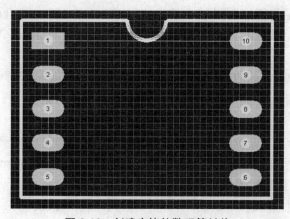

图 8.18　创建完毕的数码管封装

3. 手工创建封装

有些元件封装并不能利用封装创建向导进行绘制，这时就需要手工创建封装了。下面用手工方式创建数码管封装。

（1）添加元件封装

① 单击封装库文件 PCBLIB1.LIB，进入封装库编辑器界面。

② 单击 Browse PCBLib 选项卡，打开 PCB 元件库管理器，如图 8.5 所示，然后单击图中的【Add】按钮，或执行菜单命令【Tools|New Component】，系统弹出 Component Wizard（封装创建向导）对话框，如图 8.6 所示。

③ 单击【Cancel】按钮取消向导，此时系统自动创建了一个默认名称为 PCBCOMPONENT_1 -DUPLICATE 的空元器件，如图 8.19 所示。

④ 在浏览窗口中选中 PCBCOMPONENT_1-DUPLICATE，然后单击【Rename】按钮，系统将弹出更名对话框，在对话框中输入新的封装名称"MY_LED_FT_1"。

⑤ 单击【OK】按钮确认更名操作，此时在封装浏览器窗口中出现了一个名为 MY_LED_FT_1 的封装，如图 8.20 所示，只不过这个封装还没有任何内容。

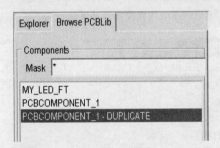

图 8.19　创建了新元器件的浏览窗口

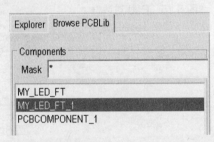

图 8.20　Rename Component 对话框

要点提示： 如图 8.19 所示，也可以在浏览窗口中选中 PCBCOMPONENT_1，然后单击【Rename】按钮，将其更名为 MY_LED_FT_1。

（2）绘制封装

① 在浏览窗口中选中 MY_LED_FT_1，打开其编辑窗口，放大显示画面，直到可以看见编辑窗口的小栅格，如图 8.21 所示。

要点提示： 为了方便绘制封装，最好执行菜单命令【Tools|Library Options...】，在 Document Options 对话框中的 Layer 选项卡中，选中并设置好 System 选项组中的 Visible Grid 1 选项。

② 单击 PcbLibPlacementTools 工具栏中的 ⊙ 按钮，开始放置焊盘。

③ 将第一个焊盘放置在原点位置，并打开其属性编辑对话框，将其 Designator 属性设置为"1"。

要点提示： 执行菜单命令【Edit|Jump|Reference】可以让光标回到原点位置。

④ 按照数码管两列之间的距离为 600 mil，同列焊盘间距为 100 mil 的尺寸放置其他焊盘，放置完焊盘后的封装如图 8.22 所示。

⑤ 双击焊盘 1，打开属性对话框，对焊盘 1 的属性进行设置，将 X-Size 设置为 100 mil，

Y-Size 设置为 50 mil，Shape 设置为 Rectangle，Hole Size 设置为 32 mil，如图 8.23 所示。

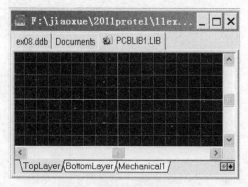

图 8.21 调整好的编辑窗口

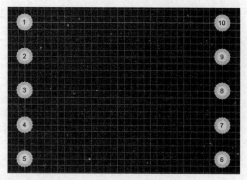

图 8.22 放置完焊盘后的封装

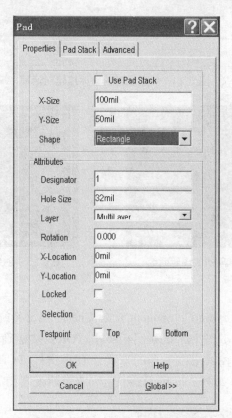

图 8.23 焊盘 1 的属性编辑对话框

⑥ 双击除了焊盘 1 之外的其他任何一个焊盘，打开属性对话框，对其他焊盘的属性进行整体编辑，如图 8.24 所示，设置 X-Size、Y-Size、Hole Size 的值，然后复制给其他焊盘。修改完的焊盘封装如图 8.25 所示。

⑦ 单击绘图工具栏 PcbLibPlacementTools 中的 ≈ 按钮，在 TopOverlay 丝印层中绘制数码管外形轮廓中的直线；单击 PcbLibPlacementTools 中的 ⊙ 按钮，绘制圆弧。至此，数码管封装创建完毕，如图 8.26 所示。

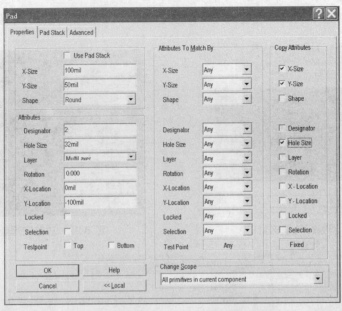

图 8.24　焊盘属性的整体编辑对话框

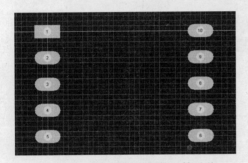

图 8.25　修改了焊盘的数码管封装

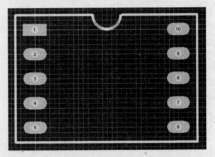

图 8.26　创建完毕的数码管封装

（3）封装规则检查

① 执行菜单命令【Reports|Component Rule Check…】，系统将弹出封装规则检查设置对话框，如图 8.27 所示，选定相应的项目后单击【OK】按钮确认。

② 系统会将规则检查结果以文件的形式保存在文件 PCBLIB1.ERR 中，单击文件 PCBLIB1.ERR，文件内容如图 8.28 所示。以上内容表明没有相关错误。

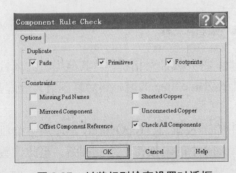

图 8.27　封装规则检查设置对话框

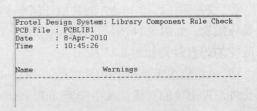

图 8.28　规则检查结果

【相关知识】

1. 封装库编辑环境简介

如图 8.29 所示，封装库编辑器界面的布局与 PCB 编辑器界面十分相似，主要由主菜单栏、主工具栏、PCB 元件库管理器、封装编辑区、活动工具栏和状态栏等组成，在此不再赘述。

图 8.29 封装库编辑器界面

2. 元件封装的管理

在 PCB 元件库管理器中，可以很方便地对元件封装库进行浏览、添加、删除、放置和编辑元件引脚焊盘等操作。

在文件管理器中单击 Browse PCBLib 选项卡，进入 PCB 元件库管理器，如图 8.30 所示。

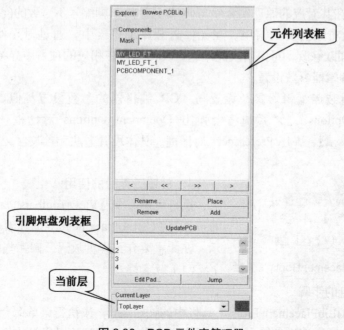

图 8.30 PCB 元件库管理器

（1）元件封装浏览

在元件库管理器中，Mask 文本框用于元件过滤，就是将符合过滤条件的元件在元件列表框中显示。元件列表框下面的 4 个箭头按钮的含义如下。

- **<** ：浏览前一个元件。
- **>** ：浏览下一个元件。
- **<<** ：浏览库中的第一个元件。
- **>>** ：浏览最后一个元件。

（2）添加元件封装

执行菜单命令【Tools|New Component】或单击图 8.30 中的【Add】按钮，会出现元件封装生成向导。利用生成向导可新建一个元件封装，如不使用生成向导，单击【Cancel】按钮，系统将会生成一个名为 PCBCOMPONENT_1-DUPLICATE 的空元件封装（当新建一个的元件封装库时，会自动生成一个名为 PCBCOMPONENT_1 的空元件封装）。设计者可以在右边的工作窗口中采用手工方式新建一个元件封装，重命名后，保存到元件封装库中。

（3）删除元件封装

如果想从元件封装库中删除某个元件，可以先在元件列表框中选取该元件，然后单击【Remove】按钮，在弹出的确认框中，单击【Yes】按钮，就会将该元件从库中删除。

（4）放置元件封装

打开要放置元件的 PCB 文件，然后切换到元件封装库编辑器界面，在 PCB 元件管理器的元件列表框中选取要放置的元件，单击【Place】按钮即可。

如果在放置之前，没有打开任何一个 PCB 文件，系统会自动建立一个 PCB 文件，并打开它以放置元件封装。

（5）编辑元件封装的引脚焊盘

有的元件存在其对应的原理图元件与 PCB 元件的引脚编号不一致的问题，在自动布线时，该元件不能布线会发生错误。在元件封装库编辑器中，通过对元件的引脚焊盘的 Designator 属性加以修改，可以解决此问题，具体操作在相应的项目中介绍。

3. 封装库编辑器参数设置

PCB 元件封装库编辑器参数设置与 PCB 编辑器的参数设置类似。执行菜单命令【Tools|Library Options...】，系统将会弹出 Document Options 对话框；执行菜单命令【Tools|Preferences...】，弹出 Preferences 对话框。具体设置方法和参数含义参考项目六，在此不再赘述。

图 8.31　PCBLibPlacementTools 工具栏

4. 放置工具栏的使用

执行菜单命令【View|Toolbars|Placement Tools】，即可打开 PCBLibPlacementTools 工具栏，如图 8.31 所示。在此主要介绍焊盘放置、圆弧与圆的放置方法。

（1）放置焊盘

① 放置焊盘的步骤

a．单击 PCBLibPlacementTools 工具栏中的按钮 ◉ ，或执行菜单命令【Place|Pad】。

b．光标变为十字形，光标中心带一个焊盘。将光标移到放置焊盘的位置，单击鼠标左键，便放置了一个焊盘。

c. 这时，光标仍处于命令状态，可继续放置焊盘。单击鼠标右键或双击鼠标左键，都可结束命令状态。

② 设置焊盘属性

双击放置好的焊盘，或在放置焊盘过程中按下【Tab】键，打开【Pad】对话框，对话框中包括 3 个选项卡，分别说明如下（图 8.32 所示为焊盘尺寸示意图）。

a. Properties 选项卡（如图 8.33 所示）

- Use Pad Stack 复选框：设定使用焊盘栈。此项有效，将不能够设置本选项栏。

■ X-Size、Y-Size：设定焊盘在 X 和 Y 方向的尺寸。

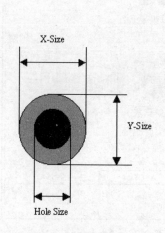

图 8.32 焊盘尺寸示意图

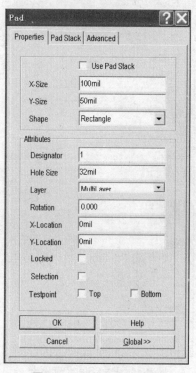

图 8.33 Properties 选项卡

■ Shape：选择焊盘形状。从下拉框中可选择焊盘形状，有 Round（圆形）、Rectangle（正方形）和 Octagonal（八角形）。

- Attributes 选项组。

■ Designator：设定焊盘的序号，从 0 开始。

■ Hole Size：设定焊盘的通孔直径。

■ Layer：设定焊盘的所在层，通常在 Multi Layer（多层）。

■ Rotation：设定焊盘旋转角度。

■ X-Location、Y-Location：设定焊盘的 X 和 Y 方向的坐标值。

■ Locked：此项有效，焊盘被锁定。

■ Selection：此项有效，焊盘处于选取状态。

173

■ Testpoint：将该焊盘设置为测试点。有两个选项，即 Top 和 Bottom。设为测试点后，在焊盘上会显示 Top 或 Bottom Test-Point 文本，且 Locked 属性同时被选取，使之被锁定。

b．Pad Stack（焊盘栈）选项卡（如图 8.34 所示）

在 Properties 选项卡中，Use Pad Stack 复选框有效时，该选项卡才有效。

在该选项卡中，是关于焊盘栈的设置项。焊盘栈就是在多层板中同一焊盘在顶层、中间层和底层可各自拥有不同的尺寸与形状。

分别在 Top、Middle 和 Bottom 这 3 个区域中，设定焊盘的大小和形状。

c．Advanced（高级设置）选项卡（如图 8.35 所示）

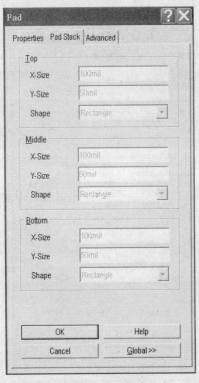

图 8.34 Pad Stack 选项卡

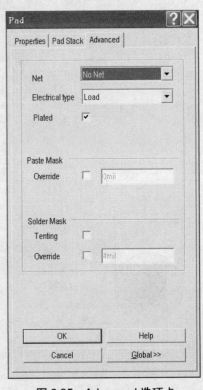

图 8.35 Advanced 选项卡

- Net：设定焊盘所在的网络。
- Electrical type：设定焊盘在网络中的电气类型，包括 Load（负载焊盘）、Source（源焊盘）和 Terminator（终结焊盘）。
- Plated：选中此复选框，表示将焊盘的通孔孔壁加上电镀。
- Override：设置阻焊延伸值或者锡膏厚度。
- Tenting：设置阻焊层覆盖。

（2）放置圆弧和圆

① 绘制圆弧和圆的方法

有 3 种绘制圆弧的方法和一种绘制圆的方法，分别介绍如下。

a．边缘法绘制圆弧

单击 PCBLibPlacementTools 工具栏的 按钮，或执行菜单命令【Place|Arc（Edge）】。

单击鼠标左键，确定圆弧的起点；再单击左键，确定圆弧的终点；单击鼠标右键，完成一段圆弧的绘制。

b．中心法绘制圆弧

单击 PCBLibPlacementTools 工具栏的 按钮，或执行菜单命令【Place|Arc（Center）】。

移动光标到所需位置，单击鼠标，以确定圆弧的中心。

沿圆移动光标，单击鼠标，确定圆弧的起点；再沿圆移动光标到另一个位置，单击鼠标，确定圆弧的终点。

单击鼠标右键，结束命令状态，完成一段圆弧的绘制。

c．角度旋转法绘制圆弧

单击 PCBLibPlacementTools 工具栏的 按钮，或执行菜单命令【Place|Arc（Any Angle)】。

光标变成十字形，单击鼠标，确定圆的起点，然后再移动光标到适当的位置，单击鼠标，以确定圆弧的圆心，这时光标跳到圆的右侧水平位置。移动光标到另一个位置，单击鼠标，确定圆弧的终点。

单击鼠标右键，结束命令状态，完成一段圆弧的绘制。

d．绘制圆

单击 PCBLibPlacementTools 工具栏的 按钮，或执行菜单命令【Place|Full Circle】。

光标变成十字形，单击鼠标，确定圆的圆心；再移动光标，拉出一个圆，确定圆的半径，单击鼠标确认。

单击鼠标右键，结束命令状态，完成一个圆的绘制。

② 属性编辑

在放置圆或圆弧的过程中按【Tab】键，或双击放置好的圆或者圆弧，打开属性对话框，可以对圆或圆弧的属性进行编辑，如图 8.36 所示。其中主要参数的含义说明如下。

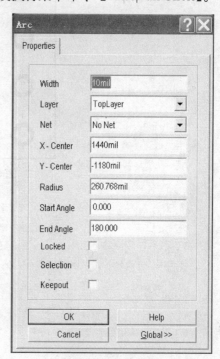

图 8.36　Arc 对话框

- Width：设置圆弧的线宽。
- Layer：设置圆弧所在层。
- Net：设置圆弧所连接的网络。
- X-Center、Y-Center：设置圆弧的圆心坐标。
- Radius：设置圆弧的半径。
- Start Angle：设置圆弧的起始角度。
- End Angle：设置圆弧的终止角度。

175

【练一练】

① 分别使用手工方法和向导方法绘制如图 8.37 所示的电解电容 PCB 封装，尺寸为：两个焊盘的水平间距为 120 mil，焊盘直径为 70 mil，焊盘孔径为 35 mil，元件轮廓半径为 120 mil，焊盘的引脚号分别为 1、2，1 端为正。

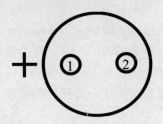

图 8.37　电解电容 PCB 封装

② DIP8 元件封装如图 8.38 所示，尺寸为：焊盘的垂直间距为 100 mil，水平间距为 300 mil，外形轮廓框长 400 mil，宽 400 mil，距离焊盘 50 mil，圆弧半径 25 mil。分别使用手工方法和向导方法绘制该封装。

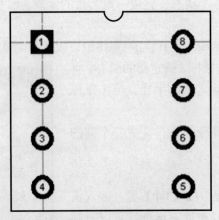

图 8.38　元件封装 DIP8

项目九　PCB 自动布局和自动布线

【项目内容】

对于比较复杂的电路，采用手工布局与布线效率很低，并且容易出错。Protel 提供了自动布局和自动布线的方法，大大提高了 PCB 设计的速度和效率。

在项目三中绘制了拔河游戏机电路原理图，在项目五中创建了 LED 数码显示管元件 MY_LED，并且用 MY_LED 取代了项目三中拔河游戏机电路原理图中原来的 LED 数码显示管元件 DPY_7-SEG_DP，而在项目八中为 MY_LED 创建了封装 MY_LED_FT。在以上项目的基础上，本项目以拔河游戏机的双层印制电路板的设计为例，介绍印制电路板的自动布局与自动布线操作。

【项目目标】

（1）了解自动布局和自动布线规则的设置。
（2）掌握利用向导生成 PCB 模板的方法。
（3）掌握元件自动布局的过程与方法。
（4）掌握自动布线的过程与方法。
（5）掌握手工调整布线的方法。
（6）掌握同步器（Synchronizer）的使用方法。

【操作步骤】

1．准备原理图

（1）修改元件属性

① 打开项目三中设计好的拔河游戏机电路原理图，确保该原理图中的编号为 DS1 和 DS2 的 LED 数码显示管元件 DPY_7-SEG_DP 已经在项目五中被 MY_LED 取代，并已通过 ERC 检查。

② 将数码管 MY_LED 的 Footprint 属性修改为 MY_LED_FT。

（2）创建网络表

① 在原理图编辑器中，选择菜单命令【Design| Create Netlist】，系统弹出 Netlist Creation 网络表设置对话框，如图 9.1 所示。

② 按照图 9.1 所示设置好后，单击【OK】按

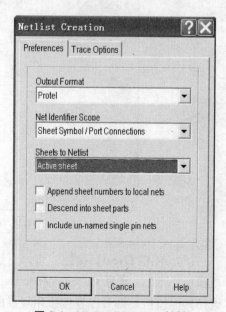

图 9.1　Netlist Creation 对话框

钮，系统自动产生网络表文件。

2．使用向导生成电路板

（1）执行菜单命令【File|New】，在弹出的 New Document 对话框中选择 Wizards 选项卡，如图 9.2 所示。

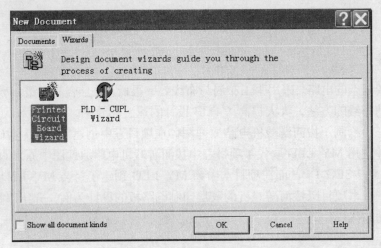

图 9.2　New Document 对话框

（2）选择图 9.2 中的 Print Circuit Board Wizard 图标，单击【OK】按钮，将弹出如图 9.3 所示的 Board Wizard 对话框。

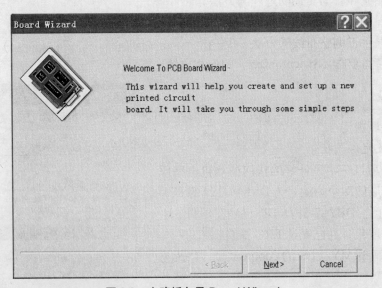

图 9.3　电路板向导 Board Wizard

（3）单击【Next】按钮，将弹出如图 9.4 所示的选择列表，在该列表中可以选择电路板模板，比如，选择 Custom Made Board 模板，设计者可以自行定义电路板的尺寸等参数；选择其他模板，则可以直接采用现成的标准板。

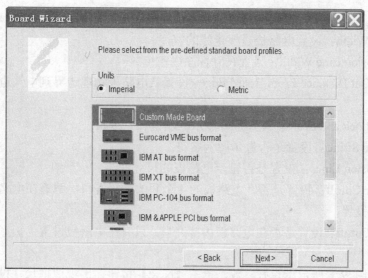

图 9.4 选择电路板模板

（4）选择 Custom Made Board，单击【Next】按钮，系统弹出设定电路板相关参数的对话框，如图 9.5 所示。

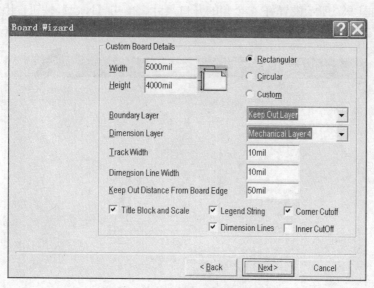

图 9.5 自定义电路板的参数设置

要点提示：图 9.5 中所示各参数含义说明如下。
- Width：设置电路板的宽度。
- Height：设置电路板的高度。
- Rectangular：设置电路板的形状为矩形，需确定的参数为宽和高。
- Circular：设置电路板的形状为圆形，需确定的参数为半径。
- Custom：自定义电路板的形状。
- Boundary Layer：设置电路板边界所在层，默认为 Keep Out Layer。

- Dimension Layer：设置电路板的尺寸标注所在层，默认为 Mechanical Layer 4。
- Track Width：设置电路板边界走线的宽度。
- Dimension Line Width：设置尺寸标注线宽度。
- Keep Out Distance From Board Edge：设置从电路板物理边界到电气边界之间的距离尺寸。
- Title Block and Scale：设置是否显示标题栏和刻度尺。
- Legend String：设置是否显示图例字符。
- Dimension Lines：设置是否显示电路板的尺寸标注。
- Corner Cutoff：设置是否在电路板的 4 个角的位置开口。只有在电路板设置为矩形板时该项才可设置。
- Inner Cutoff：设置是否在电路板内部开口。只有在电路板设置为矩形板时该项才可设置。

（5）按如图 9.5 所示设置好参数。单击【Next】按钮，出现边框尺寸设置对话框，如图 9.6 所示。

（6）按如图 9.6 所示设置好边框尺寸，单击【Next】按钮，出现 4 个角的开口尺寸设置对话框，如图 9.7 所示。

（7）按如图 9.7 所示设置好 4 个角的开口尺寸，单击【Next】按钮，出现的电路板标题栏信息设置对话框，如图 9.8 所示。

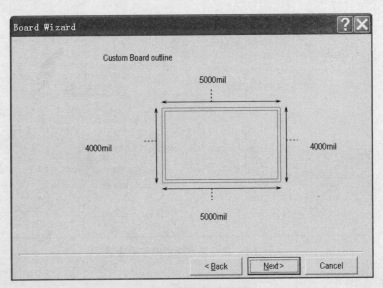

图 9.6　边框尺寸设置

（8）在图 9.8 所示对话框中输入相关信息，然后单击【Next】按钮，弹出层板设置对话框，可设置信号层的数量和类型，以及电源/接地层的数目，如图 9.9 所示。

要点提示： 图 9.9 中所示各项含义说明如下。

- Two Layer-Plated Through Hole：两个信号层，过孔电镀。
- Two Layer-Non Plated：两个信号层，过孔不电镀。

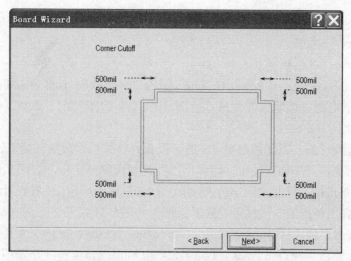

图 9.7　4 个角的开口尺寸设置

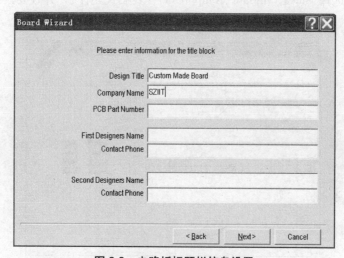

图 9.8　电路板标题栏信息设置

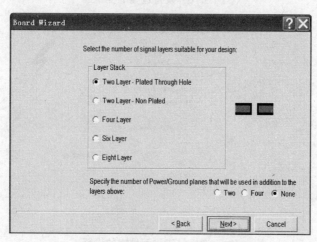

图 9.9　设置信号层的数量和类型

- Four Layer：4 层板。
- Six Layer：6 层板。
- Eight Layer：8 层板。

- Specify the number of Power/Ground planes that will be used in addition to the layers above：设置内部电源、接地层的数目，包括 Two（两个内部层）、Four（4 个内部层）和 None（无内部层）。

（9）由于是双层板，因此按如图 9.9 所示设置好信号层的数量和类型，以及电源/接地层的数目，然后单击【Next】按钮，将弹出过孔类型设置对话框，如图 9.10 所示。

（10）对于双层板，只能使用穿透式过孔。按如图 9.10 所示设置好对话框，然后单击【Next】按钮，弹出使用的布线技术设置对话框，如图 9.11 所示。如图 9.11（a）所示，如果针脚式元件较多，则选择 Through-hole components（针脚式元件），并且还要设置在两个之间穿过的导线数目，有 One Track、Two Track 和 Three Track 这 3 个选项；如果表面粘贴式元件较多，则选择 Surface-mount components（表贴式元件），并且要设置是否在电路板的两面放置元件，如图 9.11（b）所示。

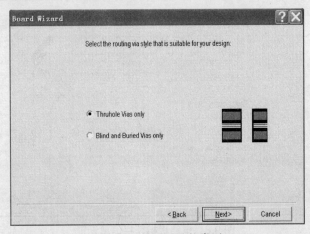

图 9.10　设置过孔的类型

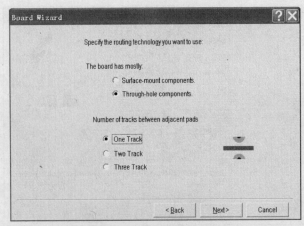

（a）选择针脚式元件时的设置

图 9.11　布线技术设置

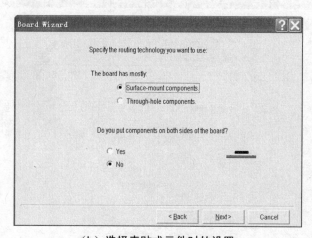

（b）选择表贴式元件时的设置

图 9.11　布线技术设置（续）

（11）按如图 9.11（a）所示设置好对话框，单击【Next】按钮，弹出如图 9.12 所示的对话框。该对话框可设置 Minimum Track Size（最小的导线宽度）、Minimum Via Width（最小焊盘外径）、Minimum Via HoleSize（最小过孔尺寸）和 Minimum Clearance（相邻走线的最小间距）。这些参数都会作为自动布线的参考数据。

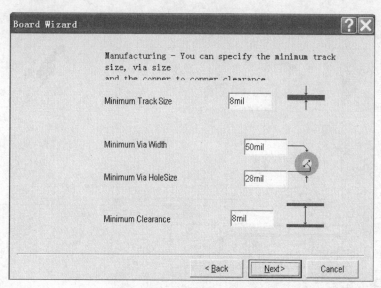

图 9.12　设置最小尺寸限制

（12）按如图 9.12 所示设置好对话框，单击【Next】按钮，将弹出保存为模板对话框，如图 9.13 所示。

（13）如图 9.13 所示，选择作为模板保存后，可以输入模板名称和模板的文字描述，然后单击【Next】按钮，弹出完成对话框，单击【Finish】按钮结束生成电路板的过程，如图 9.14 所示。工作窗口出现设计好的电路板模板，电路板规划完毕。

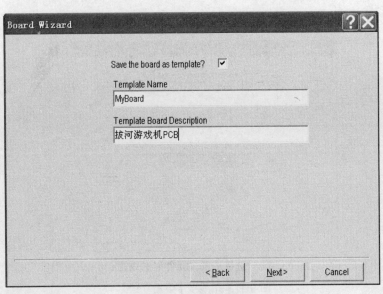

图 9.13　保存为模板

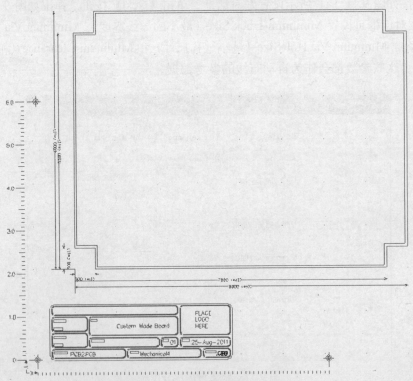

图 9.14　利用向导生成的 PCB 模板

要点提示：如图 9.14 所示，电路板生成向导自动生成了物理边界和电气边界。物理边界规定了电路板的实际大小，绘制在机械层；电气边界是指在电路板上设置的元件布局和布线的范围，定义在禁止布线层。电气边界对于电路板的自动布局和自动布线是非常有用的，它限制了自动布局和自动布线的范围。为了防止元件和布线过于靠近电路板的边缘，电路板的电气边界一般稍小于物理边界，如电气边界距离物理边界 50 mil。类似于项目七，可以用手工方式来绘制物理边界和电气边界。

3. 加载 PCB 元件库

（1）在 PCB 管理器中，单击 Browse PCB 选项卡，在 Browse 下拉列表框中，选择 Libraries（元件封装库），单击框中的【Add/Remove】按钮。

（2）如图 9.15 所示，在弹出的 PCB Libraries 对话框中，加载元件封装库 Advpcb.ddb 和在项目八中创建的元件封装库（如 ex08Lib.ddb）。

图 9.15 PCB Libraries 对话框

4. 装入网络表文件

网络表是连接原理图和电路板图的桥梁。装入网络表，实际上就是将原理图中元件对应的封装和各个元件之间的连接关系装入到 PCB 设计系统中，用来实现电路板中元件的自动放置、自动布局和自动布线。系统提供两种网络表的装入方法：直接装入网络表文件；利用同步器 Synchronizer。在此使用直接装入网络表文件的方法。

（1）在 PCB 编辑器中，执行菜单命令【Design|Load Nets】，将弹出如图 9.16 所示的 Load/Forward Annotate Netlist 对话框。

（2）单击【Browse】按钮，弹出 Select（选择网络表文件）对话框，如图 9.17 所示，找到并选取网络表文件，如图 9.17 所示的 Sheet1.NET。

（3）单击【OK】按钮，系统开始自动生成网络宏（Netlist Macro），并列出在对话框中，如图 9.18 所示，并且发现在 Status 一栏中，标识出 18 errors found。

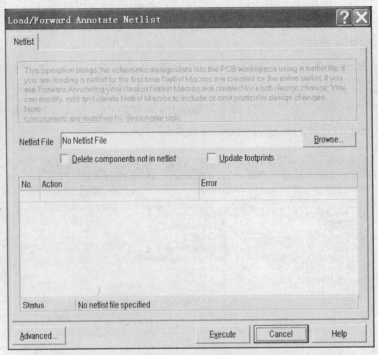

图 9.16　"Load/Forward Annotate Netlist" 对话框

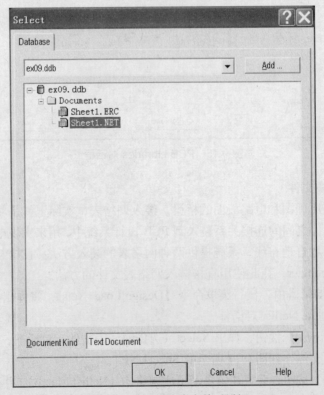

图 9.17　选择网络表文件对话框

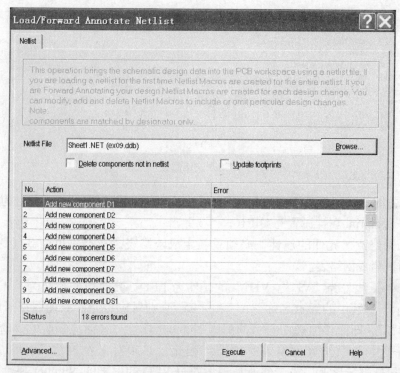

图 9.18 网络表宏信息

要点提示： 如果没有网络表宏信息错误，则可直接跳转到步骤（10）。另外，此处的网络表宏信息只是一个例子。

（4）拖动对话框右边的滚动条，可以发现，该网络表宏信息中的 Error 栏有一个警告信息和一类错误信息，如图 9.19 所示。图 9.19（a）所示的错误信息是一个警告，表示该元件没有设置封装，并提示该元件可以使用封装 DIP16；图 9.19（b）所示的错误信息表示没有发现与元件引脚对应的焊盘，而且发现在所有的该类元件中都有类似的错误信息。该错误的发生是元件原理图符号的引脚 Number 属性与其对应封装的焊盘 Designator 属性不一致造成的。

要点提示： 常见的其他宏错误信息如下。

- Net not found：找不到对应的网络。
- Component not found：找不到对应的元件。
- New footprint not matching old footprint：新的元件封装与旧的元件封装不匹配。
- Footprint not found in Library：在 PCB 元件库中找不到对应的封装。

（a）

图 9.19 网络表宏信息错误

135	Add node U9-8 to net GND	
136	Add node D1-1 to net NET 1	Error: Node Not found
137	Add node U3-1 to net NET 1	
138	Add node U3-2 to net NET 1	
139	Add node U5-2 to net NET 1	
140	Add node U7-17 to net NET 1	
141	Add node D1-2 to net NetD1 2	Error: Node Not found
142	Add node R5-2 to net NetD1 2	
143	Add node D2-1 to net NetD2 1	Error: Node Not found
144	Add node U7-19 to net NetD2 1	

（b）

图 9.19　网络表宏信息错误（续）

（5）单击图 9.18 中的【Cancel】按钮，并回到原理图编辑器，修改编号为 U9 的元件属性，将其 Footprint 属性设置为 DIP16。

（6）如果修改了元件的属性，必须重新生成网络表。执行菜单命令【Design|Create Netlist】，重新生成网络表。

要点提示： 编号为"VD1～VD9"的元件为 LED，其对应的封装为 DIODE0.4，如图 9.20 所示，封装中的焊盘名称"A"和"K"分别对应于元件原理图符号中的引脚编号"1"和"2"，即元件原理图符号的引脚 Number 属性与其对应封装的焊盘 Designator 属性的不一致，导致装入网络表时出错。因此，必须对元件封装 DIODE0.4 的焊盘 Designator 属性进行修改，或者修改原理图符号 LED 的引脚的 Number 属性。在此，采用修改元件封装焊盘的 Designator 属性的方法。修改元件原理图符号的方法参考项目五。

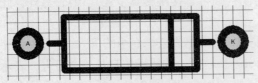

（a）　元件 LED 的封装 DIODE0.4　　　　　（b）　元件 LED 的原理图符号

图 9.20　元件 LED 的封状 DIODE0.4 和原理图符号

（7）在 PCB 编辑器中，打开 PCB 窗口浏览器 Browse Sch，在下拉列表中选择 Libraries。在 PCB Footprints.lib 元件封装库中找到并选中封装 DIODE0.4，单击【Edit】按钮，进入元件封装编辑器，修改封装 DIODE0.4 的焊盘 Designator 属性，修改完毕后如图 9.21 所示。

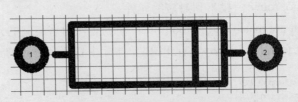

图 9.21　修改后的封装 DIODE0.4

（8）保存封装 DIODE0.4 的修改，关闭 Advpcb.ddb 文件，返回 PCB 编辑器界面。

（9）执行菜单命令【Design|Load Nets】，重新装入网络表，此时，网络表的 Status 栏中，显示的是 All micros validated，说明生成网络宏时没有出错，Error 栏的警告信息也消除了。

要点提示： 如果采用修改原理图符号的方法，则在修改完原理图符号后，还必须将原理图符号的修改反应到原理图中，即要先更新原理图，然后再生成网络表。更新原理图的方法是：在原理图元件库编辑器界面中，执行菜单命令【Tools|Update Schematics】，如图 9.22 所示。

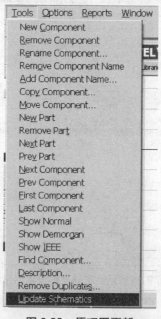

图 9.22 原理图更新

（10）单击图 9.18 中所示对话框底部的【Execute】按钮，完成网络表和元件的装入，结果如图 9.23 所示。

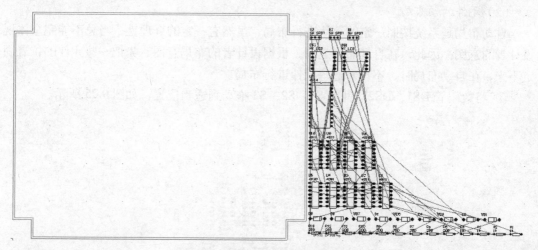

图 9.23 装入网络表和元件后的 PCB

5．元件的自动布局

把元件装入电路板后，PCB 中就有了与原理图中相对应的各个元件，同时，各个元件之间的电气连接关系也根据原理图的定义用飞线表示出来，如图 9.24 所示。接下来的工作是对 PCB 进行具体的设计。首先需要做的工作是对元件进行合理布局，根据 PCB 的大小以及各个元件的功能确定各个元件的相对位置。一般来说，元件的布局采用自动布局加手工调整的方法。

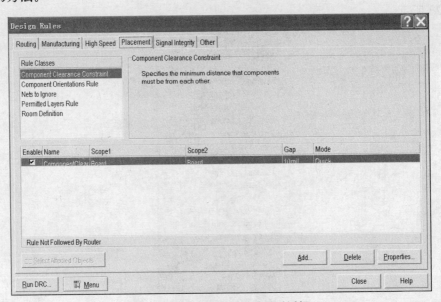

图 9.24　元件布局规则设置对话框

（1）布局规则设置

在 PCB 编辑器下，执行菜单命令【Design|Rules】，系统将弹出图 9.24 所示的设计规则 Design Rules 对话框。单击 Placement 选项卡，可对元件布局设计规则进行设置。在此采用默认设置单击【Close】按钮关闭设计规则 Design Rules 对话框。

（2）元件的预布局

自动布局是系统按照一定的算法进行布局，虽然有一定的合理性，当总不能完全体现设计者的意图。因此，在自动布局之前，根据设计者的布局意图，先把一些元件的位置固定下来，在自动布局时，不再对这些元件进行布局。

① 将数码管 DS1、DS2，开关 S1、S2、S3 拖动到适当位置，如图 9.25 所示。

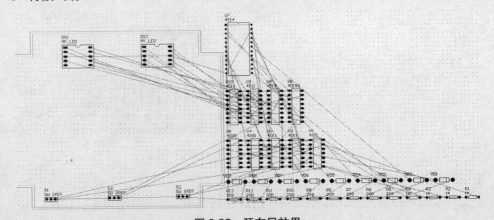

图 9.25　预布局效果

② 为了满足自动布线要求，执行菜单命令【Tools|Interactive Placement|Move To Grid】，将引脚焊盘位于栅格点上。

③ 双击元件 DS1，打开属性设置对话框，如图 9.26 所示。

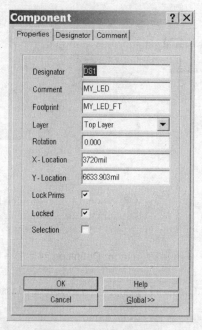

图 9.26　锁定元件位置

④ 按图 9.26 所示，选中复选框 Locked，然后单击【OK】按钮，锁定数码管元件 DS1 的位置。这样，自动布局时被锁定的元件不再进行布局。

⑤ 用同样的办法锁定数码管 DS2，开关 S1、S2、S3。

（3）设置矩形放置区域—Room

为了让电阻元件 R5～R13、LED 元件 VD1～VD9 在自动布局时分别定位在各自的一个矩形区域中，定义两个矩形放置区域 Room。另外，除了电阻元件 R5～R13 外，还有其他电阻元件，由于只需将电阻元件 R5～R13 放置在指定区域，为了便于 Room 的设置，为电阻元件 R5～R13 定义一个类 Class。

① 单击 Placement Tools 工具栏中的█按钮，或执行菜单命令【Place|Room】，光标变成十字形状。

② 在合适位置单击鼠标左键确定矩形区域第一角，而后移动鼠标，此时出现一个带控制点的矩形，根据需要确定其大小，然后再次单击鼠标左键，即可放置一个矩形区域，如图 9.27 所示。单击鼠标右键，取消放置状态。

③ 双击矩形区域，出现 Room Definition 对话框，如图 9.28 所示。在对话框左边字段里，用来指定约束的有效范围；右边可以设置该矩形区域空间的尺寸、所在板层及使得指定对象在其内或是其外。

图 9.27　放置好的矩形区域

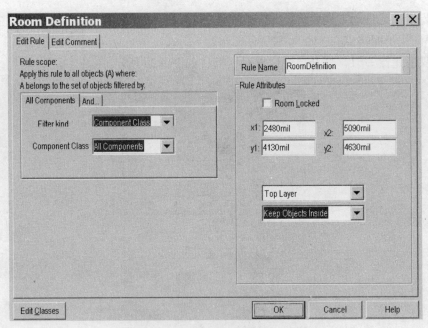

图 9.28　Room Definition 对话框

④　单击左下方的【Edit Classes】按钮，打开 Object Classes 对话框，如图 9.29 所示。

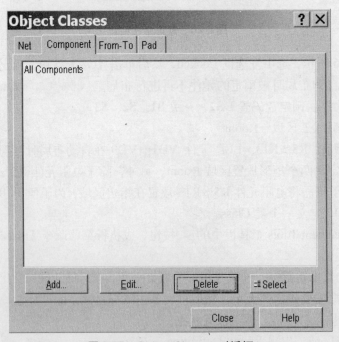

图 9.29　Object Classes 对话框

⑤　在 Component 选项卡中，单击【Add...】按钮，打开 Edit Component Class 对话框，在 Name 文本框中输入 R5～R13，然后选择左侧列表中的元件 R5，单击 > 按钮，将其添加到右侧的列表。用同样的方法将其余的电阻元件 R6～R13 添加到右侧列表，如图 9.30 所示。

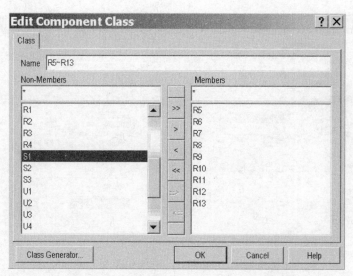

图 9.30　Edit Component Classes 对话框

⑥ 单击【OK】按钮，回到 Object Classes 对话框，如图 9.31 所示。此时，在 Component 选项卡的列表中增加了一个新的条目 R5～R13。

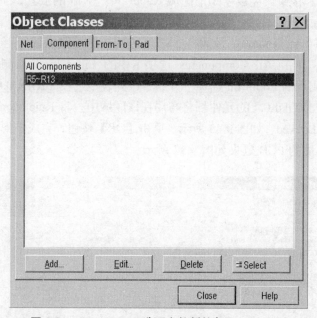

图 9.31　Component 选项卡的新的条目 R5～R13

⑦ 单击【Close】按钮回到 Room Definition 对话框，单击 All Components 选项卡中的 Filter kind 右侧的下拉列表，选择 Component Class，然后在 Component Class 选项右侧的下拉列表中选择 R5～R13。这样，在自动布局时，电阻元件 R5～R13 都将布局在该区域中。将 Rule Name 修改为 Room- R5～R13，选中复选框 Room Locked，使得在自动布局时该 Room 不会再移动位置，如图 9.32 所示。

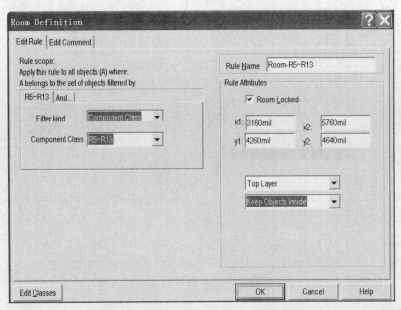

图 9.32　设置矩形区域 "Room- R5～R13"

⑧ 单击【OK】按钮，完成了矩形区域 Room- R5～R13 的放置。

⑨ 与矩形区域 Room- R5～R13 的放置类似，单击 Placement Tools 工具栏中的▨按钮，或执行菜单命令【Place|Room】，放置一个矩形区域，然后双击该矩形区域，打开 Room Definition 对话框。单击 All Components 选项卡中的 Filter kind 右侧的下拉列表，选择 Footprint，然后在出现的 Footprint 选项下方的下拉列表中选择 DIODE0.4。这样，在自动布局时，所有封装为 DIODE0.4 的元件都将布局在该区域中。将 Rule Name 修改为 Room-D，选中复选框 Room Locked，如图 9.33 所示。单击【OK】按钮，完成矩形区域的 Room-D 放置。放置好矩形区域的 PCB 效果如图 9.34 所示。

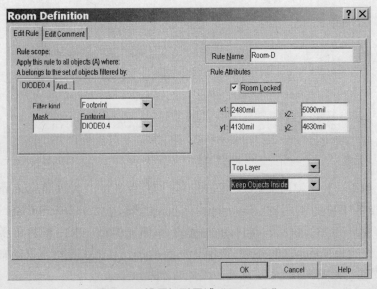

图 9.33　设置矩形区域 "Room-D"

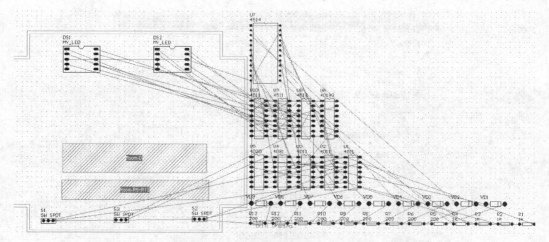

图 9.34 设置好矩形区域的 PCB 效果

（4）自动布局

装入了网络表和元件，设置了布局的参数和规则，进行了预布局后，就可以进行自动布局操作了。

① 执行菜单命令【Tools|Auto Placement|Auto Placer】，系统弹出 Auto Place（自动布局）对话框，如图 9.35 所示。对话框中显示了两种自动布局方式，每种方式所使用的计算和优化元件位置的方法不同，介绍如下。

• Cluster Placer：群集式布局方式，如图 9.35（a）所示。这种方式按照电气连接关系将元件分成组，并连接成元件串，最后在规划好的布局区域内，依照几何方法放置元件组。选中此方式后，会出现一个参数项 Quick Component Placement，选中该参数项后，虽然可以加快元件的自动布局速度，但对电路的优化工作很少。群集式布局方式适用于元件较少的电路，设置的自动布局参数，只有在这种方式下才有效。

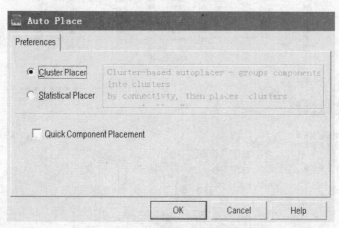

（a）"Cluster Placer" 方式

图 9.35 自动布局对话框

195

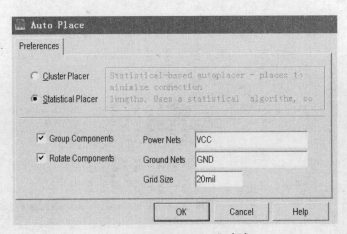

（b）"Statistical Placer"方式

图 9.35　自动布局对话框（续）

● Statistical Placer：基于统计的布局方式，如图 9.35（b）所示。其原则是保证连线的长度最短。此方式下有 5 个设置项，其中的两个功能选项 Group Components 和 Rotate Components。如果都选中的话，则前者表示可以按照电气连接将元件分成组，后者表示在布局时可以旋转元件。另外，在 Power Nets 和 Ground Nets 中输入电源的网络名称和电源地的网络名称。还有在 Grid Size 中可以设置元件自动布局时栅格的大小。这种方式适用于元件数目较多（大于 100）的电路。

② 如图 9.35（a）所示，选取 Cluster Placer 复选框，单击【OK】按钮，系统完成自动布局，结果如图 9.36 所示，可见电阻元件 R5～R13 和 LED 元件 VD1～VD9 分别布局在定义的矩形区域中。

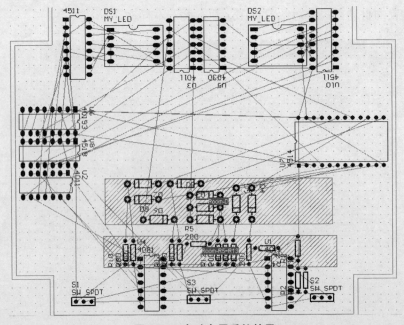

图 9.36　自动布局后的效果

要点提示： 自动布局过程中如果想终止自动布局，可执行菜单命令【Tools|Auto Placement|Stop Auto Placer】。

（5）手工调整

自动布局完成后，其自动布局的结果一般不能够完全使我们满意。观察图9.36，发现系统在自动布局时没有充分利用布局区域的空间，而且元件布置不太合理，有的区域太密等，根本不符合电路的工作要求，因此不能完全依赖程序的自动布局，需要重新对元件布局进行手工调整。尤其是在单面板的设计中，元件布局的合理性将直接影响到布线工作是否能够完成，同时也涉及电路是否能正常工作和电路的抗干扰等问题，因此对元件布局进行手工调整是十分必要的。

元件在印制板上的排列应满足下列要求。

• 为了方便自动插件操作，除个别特殊元件外，元件沿水平或垂直方向排列，且所有元件（至少是同类元件）在板上排列方向要一致，即所有电阻，IC芯片等必须横排或竖排。

• 垂直排列的元件，尽可能靠左或靠右对齐；水平排列的元件，必须靠上或下对齐。这样不仅美观，连线长度也短。

• 所有引脚焊盘必须位于栅格点上，使连线与焊盘之间的夹角为135°或者180°，以保证连线与元件引脚焊盘连接处的电阻最小；操作方法：执行菜单命令【Tools|Interactive Placement|Move To Grid】，即可将所有元件引脚焊盘移到栅格点上。

① 根据原理图和电路的实际工作情况，对元件的位置调整，使布局美观合理。在元件布局调整过程中可以合理使用Component Placement工具栏，以提高效率。

② 调整完毕后删除矩形布局区域，并执行菜单命令【Tools|Interactive Placement|Move To Grid】，将所有元件引脚焊盘移到栅格点上。最后的布局效果如图9.37所示。

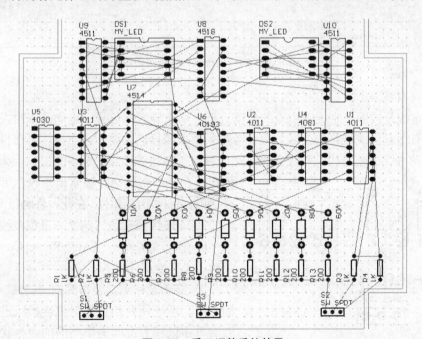

图9.37　手工调整后的效果

6. 自动布线

完成元件布局工作后，就可以开始自动布线了。

（1）布线规则设置

在自动布线之前，首先要设置好自动布线规则。

在 PCB 编辑器中，执行菜单命令【Design|Rules】，系统将弹出设计规则 Design Rules 对话框，如图 9.38 所示。布线设计规则的设置主要在 Routing 选项卡中。本项目采用默认设置，单击【Close】按钮关闭设计规则 Design Rules 对话框。

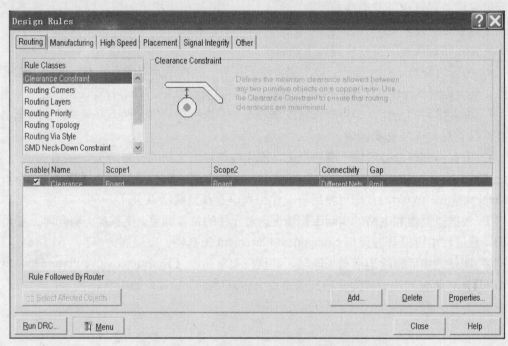

图 9.38 布线设计规则设置对话框

（2）预布线

自动布线是按照一定规则由系统自动进行，所布导线的位置、走向是不由人的意愿决定的。对有些元件或网络的走线，设计者如果要按照自己的要求去布线，可在自动布线之前采用手动方式提前布线，即预布线，然后再运行自动布线完成余下的工作。为防止这些预布线在自动布线之时被重新布线，可在自动布线之前，将预布线锁定。在此，将电阻 R1 和开关 S1 之间的连线预布线，熟悉一下预布线的操作。

① 执行菜单命令【Auto Route| Connection】，此时，光标变成十字形。

② 移动光标到需要布线的连接线，并单击鼠标左键，系统便开始自动对该连接线进行布线。然后单击鼠标右键即退出当前的命令状态。预布线的效果如图 9.39 所示。

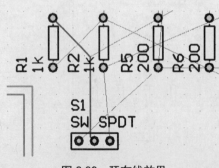

图 9.39 预布线效果

③ 双击预布线中的一段，打开 Track（导线）属性对话框，选中 Locked 复选框，单击【OK】按钮，锁定该段导线，如图 9.40 所示。

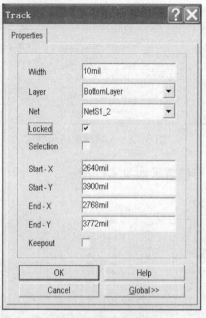

图 9.40　锁定预布线

④ 对预布线的其他导线段采用相同的方法锁定。可见，采用该方法锁定预布线较烦琐。在下面的自动布线参数设置中，可以选择在自动布线时保护预布线。

（3）运行自动布线

① 执行菜单命令【Auto Route|All】，系统弹出自动布线设置对话框，如图 9.41 所示。为了保护预布线，选中复选框 Lock All Pre-routes。

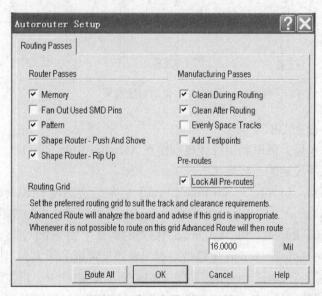

图 9.41　自动布线设置对话框

② 单击【Route All】按钮，系统进行自动布线。布线结束后，弹出一个布线信息提示框，如图 9.42 所示，显示布线情况，包括布通率、布线条数、剩余未布导线数、布线时间。

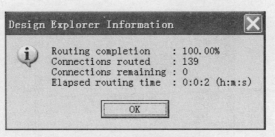

图 9.42　布线信息提示框

③ 单击【OK】按钮，布线效果如图 9.43 所示。

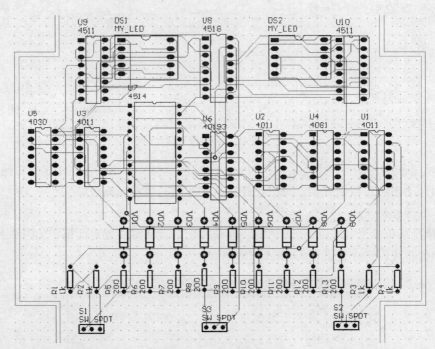

图 9.43　自动布线效果

（4）设计规则检查-DRC

在自动布线结束后，可以利用设计规则检查（Design Rule Check，DRC）功能来检查布线结果是否满足所设定的布线要求。

① 执行菜单命令【Tools|Design Rule Check】，然后会出现 DRC（设计规则检查）对话框，如图 9.44(a)所示。在 Report 选项卡中，可以选取需要检查的规则选项；在 Options 选项中，选取 Create Report File 项，可以把检查的结果生成一个扩展名为.DRC 的报表文件；选取 Create Violations 项，在电路板中查出有违反规则的地方，用高亮的绿色表示出来。如果想再在线运行 DRC 检查时，可以打开 On-line 选项卡，设定需要检查的规则选项，单击【OK】按钮，让 DRC 在后台运行，实时地进行设计规则监测。

② 按如图 9.44（a）所示设置好对话框，单击【Run DRC】按钮，系统自动生成一个扩展名为.DRC 的报告文件，其部分内容如图 9.44(b)所示。可见，DRC 检查出了 Violation（冲突）。仔细检查发现，该冲突都属于同一类，原因是 Width Constraint(导线的宽度限制)与实际导线的宽度不一致，实际的导线宽度为 10 mil，而布线规则设定的最大值与最小值都为 8 mil。可以修改布线规则，消除该类冲突。

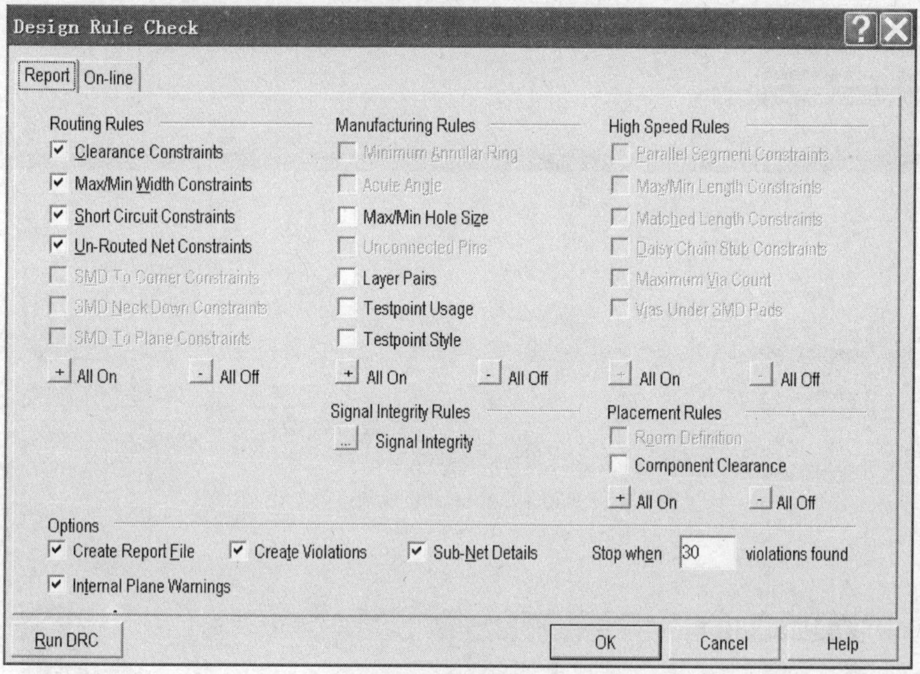

（a）DRC 属性设置对话框

```
Processing Rule : Clearance Constraint (Gap=8mil) (On the board ),(On the board )
Rule Violations :0

Processing Rule : Width Constraint (Min=8mil) (Max=8mil) (Prefered=8mil) (On the board )
    Violation         Track (4000mil,6460mil)(4100mil,6460mil)  TopLayer  Actual Width = 10mil
    Violation         Track (3400mil,6460mil)(4000mil,6460mil)  TopLayer  Actual Width = 10mil
    Violation         Track (5380mil,3600mil)(5680mil,3600mil)  TopLayer  Actual Width = 10mil
```

（b）DRC 检查到的布线冲突

图 9.44 DRC 检查

要点提示： 因具体环境设置和操作可能存在差异，DRC 报告文件的内容可能会有所不同。

③ 在 PCB 编辑器中，执行菜单命令【Design|Rules】，系统将弹出设计规则 Design Rules 对话框，在 Routing 选项卡中的 Rule Classes 的列表中选中 Width Constraint 选项，此时在下面的规则条目中出现了一条默认的规则，如图 9.45 所示。

④ 选中该规则，然后单击右下角的【Properties...】按钮，出现规则属性设置对话框，如图 9.46 所示。

⑤ 按如图 9.46 所示设置好 Rule Attributes 属性，单击【OK】按钮，返回 Width Constraint 规则设置对话框，此时可以看到，规则属性已经被设置为新的值，如图 9.47 所示。

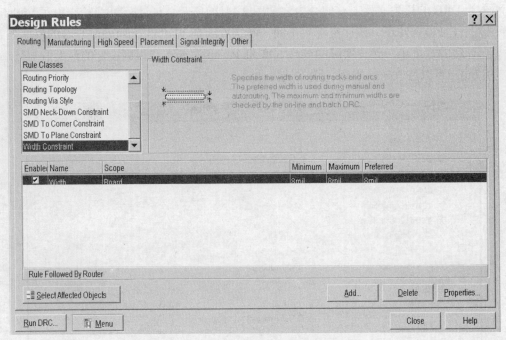

图 9.45　Width Constraint 规则设置对话框

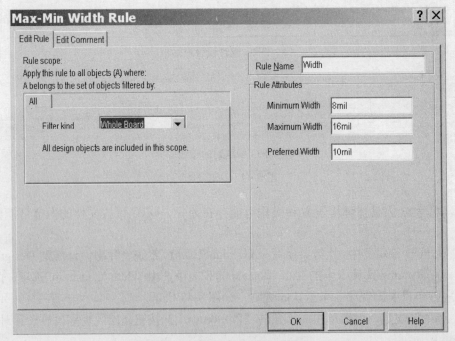

图 9.46　规则属性设置对话框

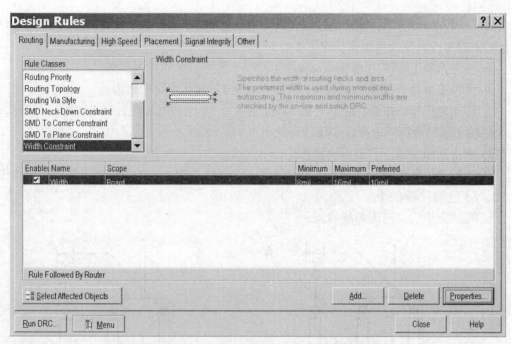

图 9.47 修改后的 Width Constraint 规则

⑥ 单击左下角的【Run DRC】按钮，出现 DRC 属性设置对话框，单击左下角的【Run DRC】按钮，重新运行 DRC 检查，此时，DRC 报告文件中不再有 Violation 的冲突报告。

⑦ 保存好文件。至此，自动布线完毕。

7. 手工调整布线

虽然自动布线的布通率可达 100%，但自动布线完成后，印制电路板的设计并没有结束，有些地方的布线仍不能使人满意，需要进行手工调整。另外，往往还需要添加或调整标注字符串、添加焊盘或接插件、加宽电源线/接地线、放置填充和固定螺丝孔等。在此，介绍如何手工调整布线、添加焊盘和接插件、加宽电源线/接地线、放置固定螺丝孔。

（1）调整布线

通过系统提供的拆除布线命令，可以拆除对自动布线不满意的布线。如图 9.48 所示，在 PCB 编辑器中执行菜单命令【Tools|Un-Route】，可以看到系统提供了 4 条拆除布线的命令，分别是【Tools|Un-Route|All】（拆除所有布线）、【Tools|Un-Route|Net】（拆除指定网络的布线）、【Tools|Un-Route|Connection】（拆除指定连线的布线）、【Tools|Un-Route|Component】（拆除指定元件的布线）。导线拆除后，可以采用手工布线的方法重新布线。

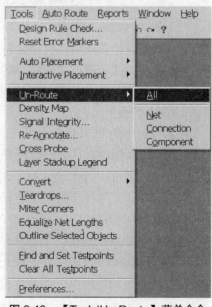

图 9.48 【Tools|Un-Route】菜单命令

如图 9.49（a）所示，下面通过调整 R5、S1 之间的布线，熟悉布线调整的步骤。对于其他对象的布线调整，其操作步骤是类似的。

① 选定当前工作层为 BottomLayer（R5、S1 之间的布线在该层）。

② 执行菜单命令【Tools|Un-Route|Connection】，光标变成十字形。

③ 移动光标并单击要拆除的对象（在此是 R5、S1 之间的布线），可以看到，此时 R5、S1 之间的布线已被拆除，变成了飞线，如图 9.49（b）所示。

④ 单击鼠标左键，退出拆除状态。

⑤ 执行菜单命令【Place|Interactive Routing】，或单击 Placement Tools 工具栏的 按钮，在 R5、S1 之间重新布线。

⑥ 布线完毕后，退出布线状态。

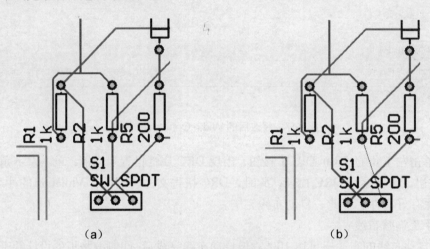

（a）　　　　　　　　　　　（b）

图 9.49　布线调整

（2）添加焊盘或接插件

在 PCB 设计完成后，可能会需要添加焊盘或接插件用于电源\地的连接或信号的输入输出等。一种办法是修改原理图，然后生成网络表，重新编辑 PCB 文件，但比较烦琐，可以采用直接在电路板上放置焊盘或接插件的相对简单的方法。

① 添加焊盘

在本项目中的 PCB 中添加两个焊盘，分别用于电源（VCC）和接地（GND）。

a．在 PCB 图中合适的位置放置两个焊盘。焊盘的放置方法参考项目八。

b．双击其中的一个焊盘，打开属性设置对话框，单击 Advanced 选项卡，弹出如图 9.50 所示的对话框，在 Net 下拉框中选择焊盘所在的网络 VCC，单击【OK】按钮。

c．用同样的方法将另一个焊盘所在的网络设置为 GND。此时，可以看到两个焊盘通过飞线与相应的网络连接，如图 9.51（a）所示。

d．执行菜单命令【Place|Interactive Routing】，或单击 Placement Tools 工具栏的 按钮，完成两个焊盘与相应网络的布线连接，如图 9.51（b）所示。

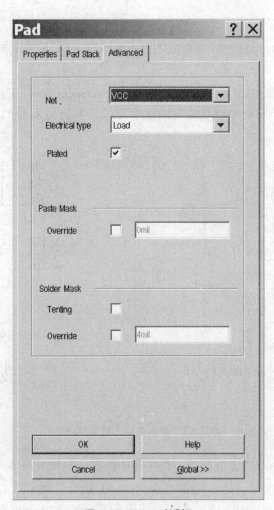

图 9.50 Pad 对话框

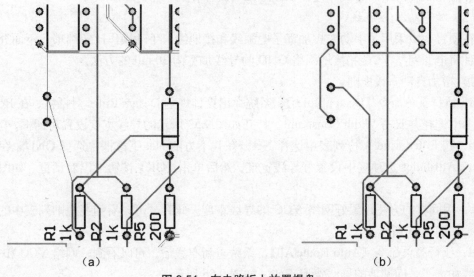

图 9.51 在电路板上放置焊盘

② 添加接插元件

在本项目中的 PCB 中添加一个有两个焊盘的接插元件，用于电源（VCC）和接地（GND）连接。

a. 执行菜单命令【Place|Component】，或单击 Placement Tools 工具栏的 按钮，在 PCB 图中合适位置放置一个有两个焊盘的接插元件 SIP2，其封装为 SIP2，元件标号为 I/O，如图 9.52（a）所示。

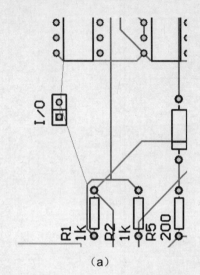 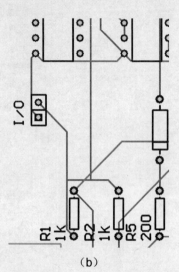

图 9.52　在电路板上放置接插件

b. 修改 SIP2 的两个焊盘的属性，将其两个焊盘分别接入网络 VCC 和 GND。

c. 执行自动布线命令【Auto Route|Connection】进行自动布线，或采用手工布线方式，执行菜单命令【Place|Interactive Routing】（或单击 Placement Tools 工具栏的 按钮），完成两个焊盘与相应网络的布线连接，如图 9.52（b）所示。

（3）加宽电源/接地线

在项目七中采用了手动方式加宽了电源线和接地线。手动操作比较烦琐。下面介绍另外两种将电源网络 VCC 和接地网络 GND 的导线加宽为 30 mil 的方法。

① 增加自动布线规则

a. 执行菜单命令【Design|Rules】，系统弹出设计规则 Design Rules 对话框，在 Routing 选项卡中选择并双击 Width Constraint，打开如图 9.53 所示的导线宽度设置对话框。

b. 在 Filter kind 下拉列表中选择 Net，在其下方的 Net 下拉框中选择 GND。在右边的 Rule Attributes 选项区中设置好导线宽度，然后单击【OK】按钮退出对话框，如图 9.54 所示。

c. 用同样的方法设置好网络 VCC 的导线宽度。此时，可以看到在规则列表中的两条规则，如图 9.55 所示。

d. 执行菜单命令【Auto Route|All】，系统重新布线后，可以看到，网络 VCC 和 GND 的导线加宽了，而其他的导线宽度不变，如图 9.56 所示。

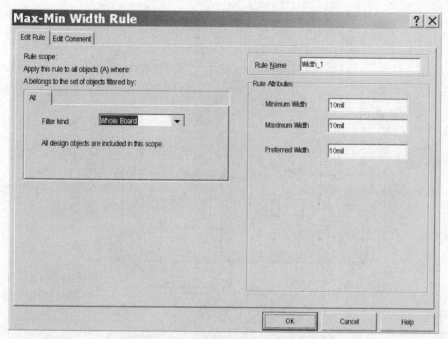

图 9.53　Max-Min Width Rule 对话框

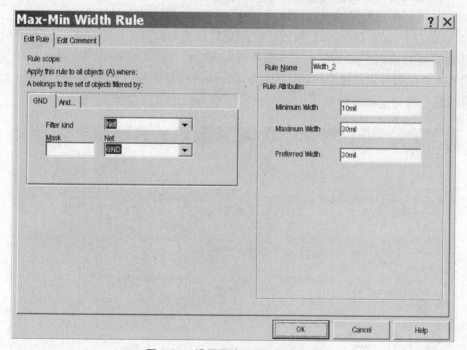

图 9.54　设置网络 GND 导线宽度

Enabled	Name	Scope	Minimum	Maximum	Preferred
✔	Width_3	VCC	10mil	30mil	30mil
✔	Width_2	GND	10mil	30mil	30mil
✔	Width	Board	8mil	16mil	10mil

图 9.55　规则列表

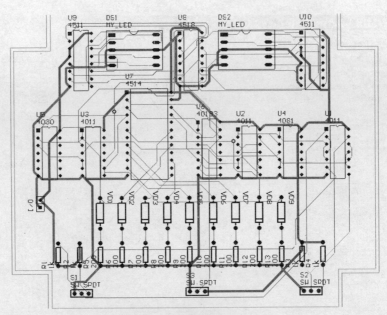

图 9.56　电源/接地线加宽效果

② 采用全局编辑功能加宽导线

a. 双击将要加宽的导线（如接地线），打开 Track 属性设置对话框。

b. 单击右下方的【Global】按钮，打开全局属性编辑对话框，如图 9.57 所示。按照图 9.57 设置好对话框：在 Width 文本框中输入 30 mil，在 Attributes To Match By 选项区域中的 Net 下拉列表中选择 Same；在 Copy Attributes 复选框中选中 Width 选项。以上设置的含义是：将与选取导线属于同一网络的所有导线的宽度变为 30 mil。

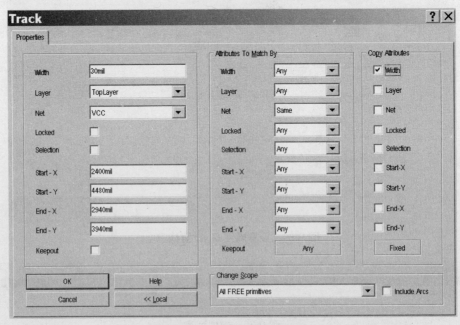

图 9.57　Track 全局属性编辑

c．单击【OK】按钮，系统弹出 9.58 所示的 Confirm 对话框，确认是否将结果更新到 PCB 文件。

d．单击【Yes】按钮，可以看到 VCC 网络的导线被加宽了。

e．用同样的方法将 GND 网络的导线加宽，效果如图 9.59 所示。

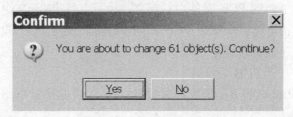

图 9.58 Confirm 对话框

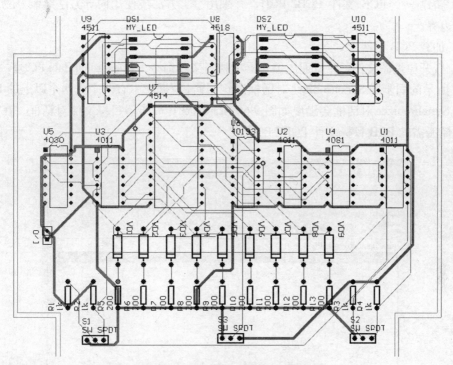

图 9.59 全局编辑功能导线加宽效果

要点提示： 在图 9.59 中看到，加宽导线后可能会违反之前设置的布线规则，如果出现这种情况，则需要重新手工调整布线。

（4）放置螺丝孔

为了方便电路板或元件散热片等的固定，在电路板中经常需要打出一些螺丝孔。可以利用放置焊盘的方法来制作螺丝孔，但与焊盘不同的是，不需要对孔壁电镀。因此，在放置焊盘作为螺丝孔时，在定义好尺寸和位置后，需要在 Advanced 选项卡中，使复选框 Plated 无效。具体步骤在此不再赘述。

8．使用同步器（Synchronizer）设计 PCB

在前面的 PCB 设计中，如果在绘制 PCB 时发现原理图有错误需要更改或调整时，就

209

需要重新生成新的网络表文件，并将整个设计过程重新操作一遍，这种重复劳动费时费力，很不方便。为此，Protel 99 SE 提供了功能强大的同步器（Synchronizer），可以实现电路原理图到 PCB 的同步设计。使用同步器设计 PCB 时，不需要生成网络表文件，而是直接将电路原理图中的封装和电气连接信息传送到 PCB 设计系统中。另外，使用同步器，可以将原理图中的修改自动更新到 PCB 文件中；反之，也可以将 PCB 文件中的修改自动更新到原理图文件中，实现由电路原理图到 PCB 的同步设计，使得 PCB 的设计和修改过程变得十分简单，大大简化了设计过程。

（1）使用同步器设计 PCB 的步骤

下面介绍使用 Protel 99 SE 同步器来设计拔河游戏机整机电路 PCB 的一般步骤和方法。

① 新建一个 PCB 文件 PCB2.PCB，并采用手工方法或使用向导方法绘制好物理边界和电气边界。

② 加载 PCB 元件库。

③ 打开原理图文件，在原理图编辑器中执行菜单命令 【Design|Update PCB】，出现如图 9.60 所示的同步器 Synchronizer 对话框。如果设计数据库中有两个或两个以上的 PCB 文件，在 Synchronizer 对话框会出现如图 9.60 所示的选择同步器目标文件对话框。在该对话框中选择所需的 PCB 目标文件 PCB2.PCB。

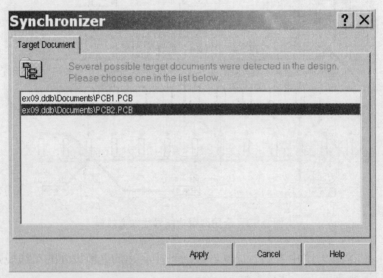

图 9.60　Synchronizer 对话框

④ 单击【Apply】按钮，出现 Update Design 对话框，如图 9.61 所示。

⑤ 在图 9.61 所示的 Update Design 对话框中，只要同时选中 Components 选项区中的 Update component footprints（意思为更新元件封装形式）和 Delete components（意思为删除没有连线的元件）两个栏目，就能使原理图和印制板保持同步设计，其他选项均设为初始的默认状态。

⑥ 单击图 9.61 中的按钮【Preview Changes】，即可进入 Update Design 对话框的 Changes

选项卡，如图 9.62 所示。可以看到，显示的内容与网络表宏信息类似。如果出现错误，则必须返回原理图编辑器中进行修改，直到该选项卡不再出现错误信息时，才继续以下步骤。

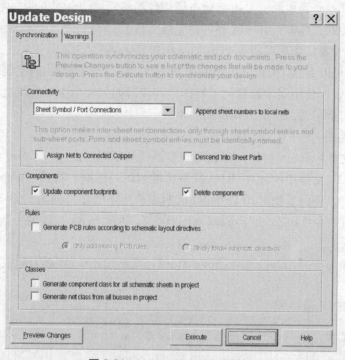

图 9.61　Update Design 对话框

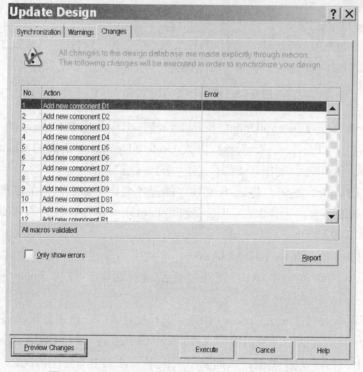

图 9.62　Update Design 对话框的 Changes 选项卡

⑦ 单击【Execute】按钮，向印制板文件 PCB2.PCB 装入所有元件封装和整个网络连接关系，结果与图 9.23 相似。

⑧ 设置好自动布局规则，采用手动布局和自动布局相结合的方法，完成元件的布局。

⑨ 设定有关的布线参数和布线规则，完成布线。

（2）使用同步器实现原理图与 PCB 的双向同步编辑

由以上步骤可以看到，使用同步器设计 PCB 与之前介绍的方法的主要区别在于不需要生成和装入网络表，使用同步器简化了操作。同步器的另一个主要功能是可以实现原理图与 PCB 的双向同步编辑，下面举例说明。

① 更新原理图

修改 PCB 文件中 R1 的封装，再利用同步器更新原理图。

a．双击 PCB 文件中的元件 R1，打开属性编辑对话框，将其 Footprint 属性修改为 AXIAL0.4。此时，可以看到 PCB 图中 R1 的封装产生了变化，如图 9.63（a）所示。

b．执行菜单命令【Tools|Un-Route|Connection】，拆除与 R1 相连的一条导线，如图 9.63（b）所示。

c．执行菜单命令【Auto Route|Connection】，重新绘制被拆除的导线，如图 9.63（c）所示。

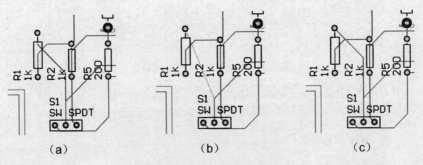

图 9.63　修改 PCB 图中的元件 R1

d．执行菜单命令【Design|Update Schematic】，出现如图 9.61 所示的 Update Design 对话框，单击按钮【Preview Changes】进入 Update Design 对话框的 Changes 选项卡，如图 9.64 所示。该列表中列出了 PCB 文件中的变化情况。

e．单击【Execute】按钮，将 PCB 文件中的元件变化更新到对应的原理图中。

f．打开原理图，双击元件 R1，可以看到其 Footprint 属性被修改为 AXIAL0.4。

② 更新 PCB 文件

将原理图中 R1 的封装修改回 AXIAL0.3，再利用同步器更新 PCB 文件。

a．双击原理图中的元件 R1，打开属性编辑对话框，将其 Footprint 属性修改为 AXIAL0.3。

b．执行菜单命令【Design|Update PCB】，选择文件 PCB2.PCB，单击【Apply】按钮，进入 Update Design 对话框，单击按钮【Preview Changes】进入 Update Design 对话框的 Changes 选项卡，与图 9.64 类似，该列表中列出了原理图中的变化情况。

c. 单击【Execute】按钮，将原理图中的元件变化更新到对应的 PCB 文件中。

d. 打开 PCB 文件，可以看到，元件 R1 的封装改回到了 AXIAL0.3。

e. 调整好 PCB 图中的布线，PCB 文件更新完毕。

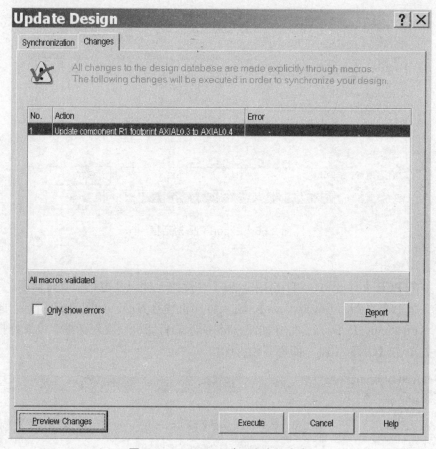

图 9.64　Changes 选项卡中的内容

9. 电路板图的输出

（1）PCB 图的三维显示

Protel 99 SE 提供电路板的三维立体显示功能，使用该功能可以显示 PCB 板的三维立体效果，给设计者提供一定的参考。

执行菜单命令【View|Board In 3D】，或单击主工具栏上的 图标，即可生产当前 PCB 文件的三维效果图，如图 9.65 所示。

（2）PCB 文件的导出

PCB 文件可以单独导出，生产一个 PCB 文件，提供给加厂商进行印制电路板的加工制作。下面介绍将 PCB2.PCB 文件导出的过程。

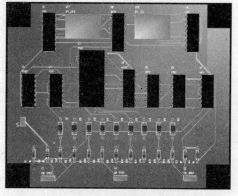

图 9.65　PCB 板的三维显示

执行菜单命令【File|Export】，打开 Export File（导出文件）对话框，如图 9.66 所示。在该对话框中选择保存路径，输入 PCB 文件的名称，选择保存类型，然后单击【保存】按钮，即可将 PCB 文件导出到指定的位置。

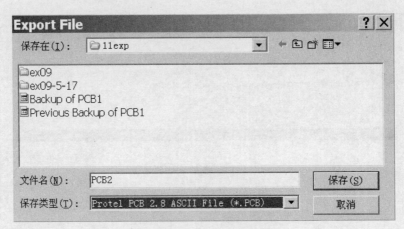

图 9.66　Export File 对话框

（3）打印输出

设计好的 PCB 文件还可以打印出来，便于在焊接元件以及电路检查时对照。

执行菜单命令【File|Print/Preview】，进入打印机预览界面，如图 9.67 所示，此时执行菜单命令【File|Setup Printer】，打开如图 9.68 所示的打印机设置对话框，设置好打印机的各个参数，单击【OK】按钮，即可开始打印。

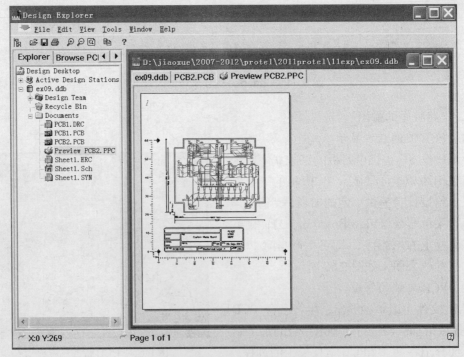

图 9.67　PCB 文件的打印预览

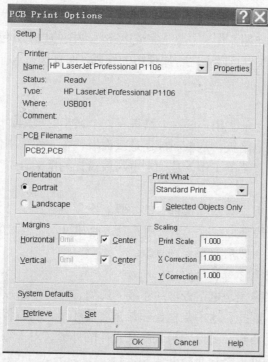

图 9.68 设置打印机

【相关知识】

1. PCB 设计的基本流程

印制电路板设计的基本流程如图 9.69 所示。

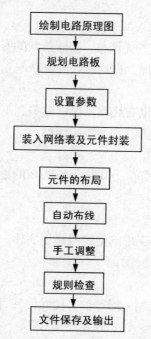

图 9.69 PCB 设计的一般流程

（1）绘制电路原理图

这是电路板设计的先期工作，主要是完成电路原理图的绘制，包括生成网络表。当然，对于简单的电路，有时候也可以不进行原理图的绘制，而直接进入 PCB 编辑器设计印制电路板。

（2）规划电路板

在绘制印制电路板之前，用户要对电路板有一个初步的规划，比如说电路板采用多大的物理尺寸，采用几层电路板，是单面板还是双面板，各元件采用何种封装形式及其安装位置等。这是一项极其重要的工作，是确定电路板设计的框架。

（3）设置参数

参数的设置是电路板设计的非常重要的步骤。设置参数主要是元件的布局参数、板层参数、布线参数等。一般来说，有些参数用其默认值即可，有些参数在使用过 Protel 99 SE 以后，即第一次设置后，以后几乎无需修改。

（4）装入网络表及元件封装

前面已经谈过，网络表是电路板自动布线的灵魂，也是电路原理图设计系统与印制电路板设计系统的接口。因此，这一步也是非常重要的环节。只有将网络表装入之后，才可能完成对电路板的自动布线。元件的封装就是元件的外形，对于每个装入的元件必须有相应的外形封装，才能保证电路板布线的顺利进行。

（5）元件的布局

元件的布局包括自动布局和手工调整两个过程。规划好电路板并装入网络表后，用户可以让 Protel 99 SE 自动装入元件，并自动将元件布置在电路板边框内。自动布局的精细程度往往不够理想，一般采用自动布局和手工调整相结合的方法。元件的布局合理，才能进行下一步的布线工作。

（6）自动布线

Protel 99 SE 采用世界最先进的无网格、基于形状的对角线自动布线技术。只要将有关的参数设置得当，元件的布局合理，自动布线的成功率几乎是 100%。

（7）手工调整

到目前为止，还没有一种自动布线软件能够完美到不用手工调整的地步。自动布线结束后，往往存在令人不满意的地方，需要手工调整。

（8）规则检查

Protel 99 SE 提供规则检查功能，用于检查 PCB 的设计十分符合设置的规则，防止出现疏忽等原因导致的错误。

（9）文件保存及输出

完成电路板的布线后，保存完成的电路线路图文件。然后利用各种图形输出设备，如打印机或绘图仪输出电路板的布线图。

2．自动布局规则设置

在自动布局前可以设置一些相关的参数，使元件的自动布局结果更符合实际的要求。执行菜单命令【Design Rules…】，或用热键【D】+【R】弹出 Design Rules 对话框，单击 Placement 选项卡，如图 9.70 所示，即可对元件布局设计规则进行设置。Placement 选项卡里将元件自动布局的设计规则分为 5 类，分别说明如下。另外，每一条规则均有 Rule Scope 这一项，其具体内容参考"3. 自动布线规则设置（1）规则的适用范围"。

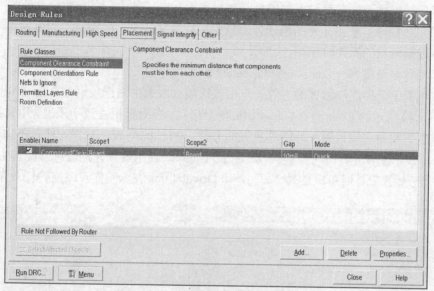

图 9.70　元件自动布局规则设置对话框

（1）元件安全间距—Component Clearance Constraint

该选项为元件间距约束，用于设置元件间的最小距离以及元件之间的距离计算方法。双击该选项（或选中该选项后，单击【Add】按钮）出现如图 9.71 所示的 Component Clearance 对话框。在对话框左边字段里，用来指定约束的有效范围 Rule Scope；右边 Gap 字段用来设置元件间的最小距离；Check Mode 字段用来指定距离的计算方法，有以下 3 种方法可选。

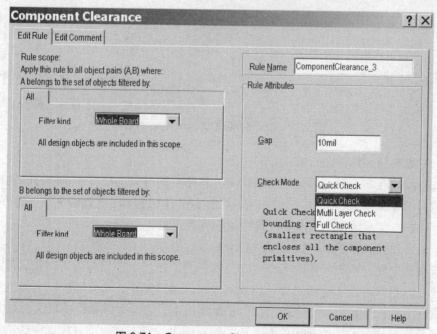

图 9.71　Component Clearance 对话框

- Quick Check：采用包含元件轮廓形状的最小矩形来计算元件之间的距离。
- Multi Layer Check：除 Quick Check 具备方法的功能外，当电路板为双面放置元件时，还考虑针脚式元件在底层上的焊盘与底层表面封装元件之间的距离。
- Full Check：使用元件的精确外形轮廓来计算元件之间的距离，当电路板中有很多圆形或不规则形状的元件时使用。

（2）元件方向限制—Component Orientation

该选项指定元件能够放置的方位。双击该选项（或选中该选项后，单击【Add】按钮）出现如图 9.72 所示的 Component Orientations 对话框。在对话框左边字段里，用来指定约束的有效范围；右边可以设置元件能够放置的方位：0 Degrees 表示放置元件时不需要旋转；90 Degrees 表示放置元件时可以旋转 90°；180 Degrees 表示放置元件时可以旋转 180°；270 Degrees 表示放置元件时可以旋转 270°；All Orientations 表示元件可以旋转任意角度。

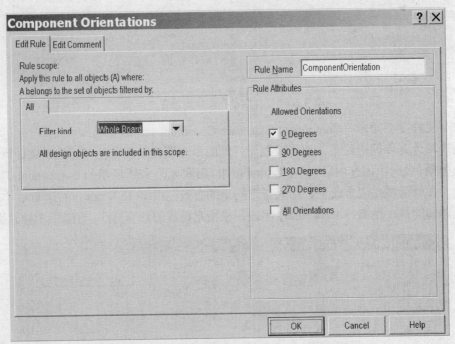

图 9.72　Component Orientations 对话框

（3）可忽略的网络—Nets To Ignore

该选项指定在布局时可以忽略哪些网络。忽略网络可以加快自动布局时的速度和提高布局质量。双击该选项（或选中该选项后，单击【Add】按钮）出现如图 9.73 所示的 Nets To Ignore 对话框，在对话框中只需要设置约束的有效范围。

（4）元件放置板层限制—Permitted Layers

该选项指定允许放置元件的工作层。在所有的工作层中，只有顶层和底层可以放置元件，因此在这里只有设置这两层哪一层或两层可以放置元件，在双面板、多面板中，元件一般放置在元件面上，无须特定指定。但在单面板中，表面封装器件 SMD 只能放在焊锡面内，因此需要指定元件放在元件面上还是焊锡面上。双击该选项（或选中该选项后，单击【Add】按钮）出现如图 9.74 所示的 Permitted Layers 对话框。在对话框左边字段里，用来指定约束的有效范围；右边可以设置顶层或底层放置元件。

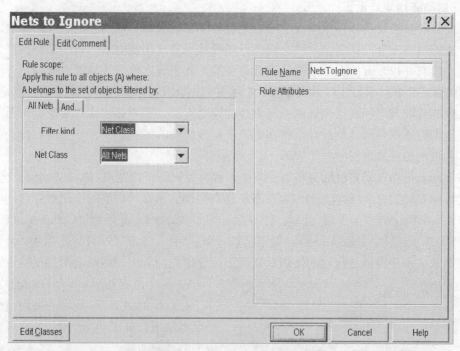

图 9.73 Nets To Ignore 对话框

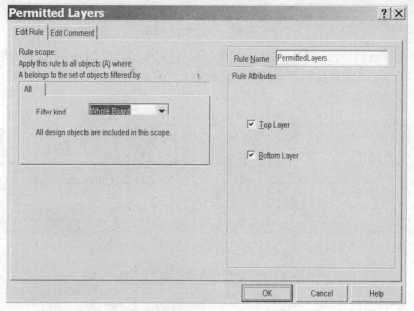

图 9.74 Permitted Layers 对话框

（5）元件矩形放置区域—Room Definition

该选项用于在布局时定义一个矩形放置区域。双击该选项（或选该选项中后，单击

【Add】按钮）出现如图 9.28 所示的 Room Definition 对话框。具体的操作参考"【操作步骤】5. 元件的自动布局—（3）设置矩形放置区域"。

3. 自动布线规则设置

所谓自动布线就是程序根据设定的有关参数和布线规则，依照一定的程序算法，按照事先生成的网络宏自动在各个元件之间进行连线从而完成印制电路的布线工作。在自动布线之前，检查并修改有关布线规则是十分必要的，如走线宽度、线与线之间以及连线与焊盘之间的最小距离、平行走线最大长度、走线方向、敷铜与焊盘连接方式等是否满足要求。自动布线的成败与好坏在很大程度上与参数的设定有关，用户必须认真考虑。下面首先介绍布线规则的适用范围，然后介绍常用的自动布线规则的设置。

（1）规则的适用范围

在自动布局和自动布线的每一类规则中，都有规则的使用范围（Rule Scope）这一项，只不过自动布局的 Rule Scope 的内容没有自动布线那么丰富。规则的作用对象包括整个电路板（Whole Board）、工作层（Layer）、元件（Component）、元件类（Component Class）、网络（Net）、网络类（Net Class）、指定区域（Region）、焊盘（Pad）、过孔（Via）等 16种。规则的适用范围就是规则的使用对象。下面介绍几种常用的规则适用范围的设置。

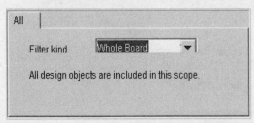

图 9.75　规则的适用范围为 Whole Board

① 整个电路板（Whole Board）

在默认的状况下，规则的适用范围均为整个电路板，如图 9.75 所示。它包括电路板上的所有对象。

② 工作层（Layer）

打开图 9.75 中的 Filter kind(过滤类型)下拉列表，在弹出的选项中选取 Layer，则 Rule Scope 选项区域的内容发生变化，如图 9.76（a）所示，在 Layer 下拉列表中可以选择合适的层。单击【And】按钮，对话框变为如图 9.76（b）所示，此时可以选择一个新的对象，对象之间的关系为"与"。

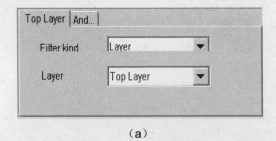

（a）

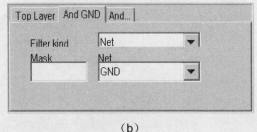

（b）

图 9.76　规则的适用范围为指定的 Layer 与 Net

③ 网络（Net）

选择该项后，规则的适用范围为指定的网络。如图 9.77 所示，在 Net 下拉列表中选择合适的网络名。

④ 网络类（Net Class）

a．类的概念。

类（Class）就是一组具有类似性质的相同对象的集合。例如，网络类就是一组具有类似性质的网络的集合。在 Protel 99 SE 中提供了 4 种类，即网络类（Net Class）、元件类（Component Class）、点到点类（From-to Class）和焊盘类（Pad Class）。

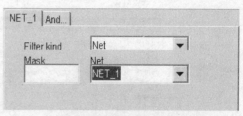

图 9.77　规则的适用范围为指定的网络

b．新建、修改和删除。

执行菜单命令【Design|Classes】，系统弹出图 9.29 所示的 Object Classes 对话框，在此可以分别通过按钮【Add】、【Edit】或【Delete】来新建、修改或删除类。新建一个类参考"【操作步骤】5. 元件的自动布局（3）设置矩形放置区域—Room"。选中新建的类后，单击【Edit】按钮可以对它进行编辑，而通过【Delete】按钮可以将其删除。

c．类的选取。

选中类后，单击【Select】按钮，就可使属于该类的对象在 PCB 图中处于选取状态。

元件类有一个类生成器（Class Generator）可以方便快捷地生成元件类，其他的操作所有类都是相似的。

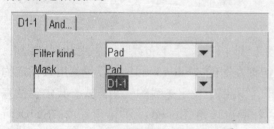

图 9.78　规则的适用范围为指定焊盘

⑤ 指定焊盘（Pad）

选择此项后，规则的适应范围为指定的焊盘，如图 9.78 所示。在 Pad 下拉列表中选取适合的焊盘名。

（2）设置自动布线规则

在 PCB 编辑器中，执行菜单命令【Design|Rules…】，或使用热键【D＋R】，在弹出的对话框中，首先出现的是 Routing（布线）选项卡，如图 9.38 所示，可以对 Routing 选项卡中的 10 类参数进行设置。一般情况下，可以采用缺省参数布线，但缺省设置往往难以满足各式各样印制电路板的布线要求。根据 PCB 布线要求设置各种布线设计规则，会使自动布线的效果更加完美。在 10 项规则中，有 3 项规则的设置与 SMD 有关。下面介绍常用规则的设置。

① 安全间距—Clearance Constraint

安全间距指的是具有电气特性的走线、焊盘、导孔等之间的最小安全距离，使图件之间不会因为过近而产生相互干扰。双击该选项（或选中该选项后，单击【Add】按钮）可增加一项走线约束，同时调出如图 9.79 所示的规则参数设置对话框。如果要修改已有的约束规则参数，可将光标移至列表框中已有约束规则上双击鼠标左键（或先选择该项，然后单击【Properties…】按钮），将再次调出如图 9.79 所示的对话框；如果要删除约束规则，可在列表框中先选择该规则，然后单击【Delete】按钮，即可删除相应的元件间距约束规则。

在对话框左边的 Filter kind 字段里，用来指定约束的有效范围。安全间距的设置取决于具体的电路板要求，安全间距过大，将导致电路板很难布通或者布线时间过长，安全间距过小将引起信号之间的干扰，也不利于制作。

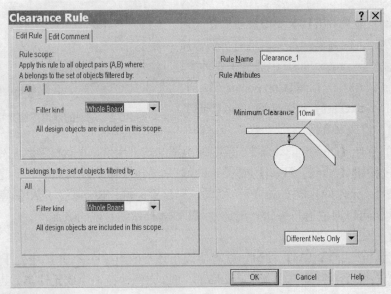

图 9.79 Clearance Rule 对话框

② 布线转角—Routing Corners

该规则设置走线转角方式，其设置在自动布线时有效，手工布线时将不受此规则约束。该规则参数设置对话框如图 9.80 所示。在对话框左边的"Filter kind"字段里，用来指定约束的有效范围；右边是此规则的参数，"Style"字段用于设定走线的转角方式，其中包括直角转角（90Degress）、45°切面转角（45Degress）和圆形转角（Round）3 种转角方式，"Setback"字段用来指定最大转角半径，"to"字段里，指定最小转角半径。

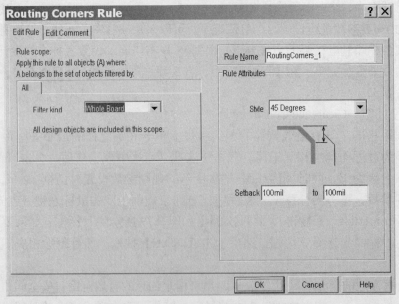

图 9.80 Routing Corners Rule 对话框

③ 布线板层—Routing Layers

该规则设置自动布线时使用的板层以及自动布线时各板层上铜膜线的方向。图9.81所示为该规则参数设置对话框。

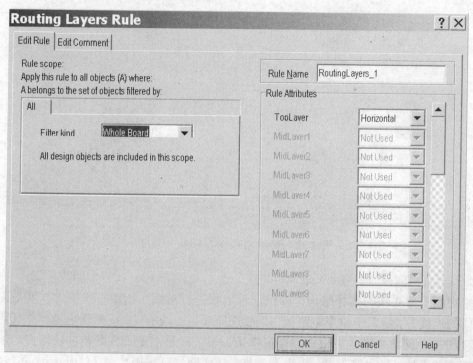

图9.81 Routing Layers Rule 对话框

在图9.81的右边列出了32个信号层，缺省情况下系统只应用了顶层和底层，其他30个中间信号层处于空闲状态。每个信号层都有11个选项，Not Used 表示该板层不布线；Horizontal 表示该板层水平方向布线；Vertical 表示该板层垂直方向布线；Any 表示该板层可任意布线，通常是针对单层板而设的；1 O'Clock 表示该板层1点钟方向布线；2 O'Clock 表示该板层2点钟方向布线；4 O'Clock 表示该板层4点钟方向布线；5 O'Clock 表示该板层5点钟方向布线；45 Up 表示该板层45°向上方向布线；45 Down 表示该板层45°向下方向布线；Fan Out 表示该板层以扇出方式布线。

在走线方式中，Horizontal 和 Vertical 方式一般用于双层板和多层板的布线，而且顶层和底层不能采用同一种布线规则，这一点对于提高布通率尤为重要。其他几种布线方式用于单面板的布线规则设置。

④ 布线次序—Routing Priority

该规则设置布线的优先权。布线的优先级规则控制网络布线的顺序。图9.82所示为该规则参数设置对话框。

在对话框右边可以设置此规则的参数，其中只有一个 Routing Priority 字段，其设定范围从0到100，而0的优先次序最低，100最高；通常我们会把电源与接地网络的优先次序设得高一点。

223

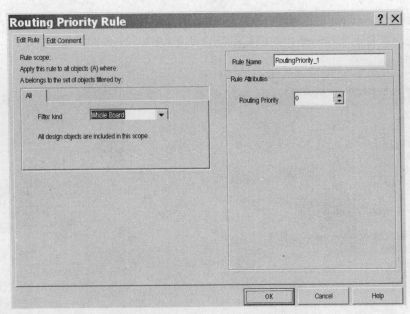

图 9.82　Routing Priority Rule 对话框

⑤　布线的拓扑结构—Routing Topology

给规则设置布线的拓扑结构，即以何种形状进行布线。所谓布线模式，就是设置焊盘之间的连线方式。对于整个电路板，一般选择最短布线模式，而对于电源网络（VCC）、地线（GND）网络来说，应根据需要选择最短模式、星型模式或菊花链状模式。例如，对于要求单点接地的电路系统，则电源网络、地线网络可采用星型（Starburst）布线模式。图 9.83 所示为该规则参数设置对话框。

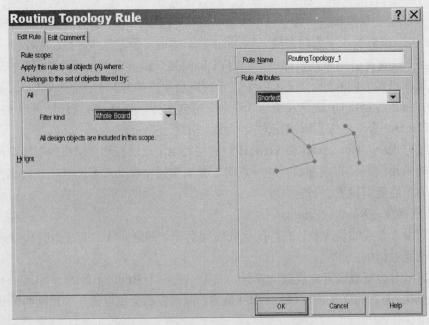

图 9.83　Routing Topology Rule 对话框

在图 9.83 的右边可以设置采用何种形式的拓扑类型进行走线，包括用最短路径走线（Shortest）、水平走线（Horizontal）、垂直走线（Vertical）、简单的菊状走线（Daisy—Simple）、由中间向外的菊状走线（Daisy—MidDriven）、平衡式菊状走线（Daisy—Balanced）和放射性走线（Starburst）7 种拓扑类型供选择。

另外，执行菜单命令【Design|From-To Editor】，可以自行定义和修改布线的拓扑结构。

⑥ 导孔形式—Routing Via Style

该规则设置自动布线过程中使用的过孔样式。图 9.84 所示为该规则参数设置对话框。

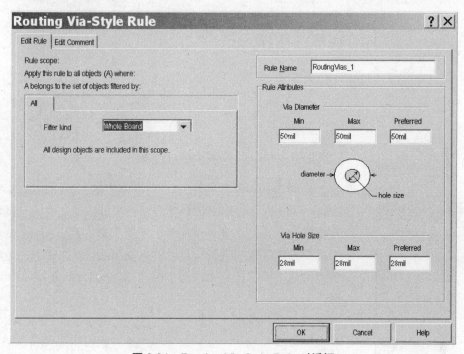

图 9.84 Routing Via Style Rule 对话框

在对话框右边可以设置过孔外径（Via Diameters）和内孔直径（Via Hole Size）的最小（Min）、最大（Max）和首选（Preferred）尺寸。

⑦ 走线线宽—Width Constraint

该规则设置自动布线过程中使用走线的最小和最大宽度。一般来说，自动布线的信号线采用 10～20 mil 的线宽，电源线和地线适当加粗以防干扰。图 9.85 所示为该规则参数设置对话框。在对话框右边可以设置走线的最小（Min）、最大（Max）和首选（Preferred）宽度。

4．自动布线的运行

图 9.86 所示为自动布线命令菜单【Auto Route】，Protel 99 SE 中自动布线方式有 5 种方式，既可以进行全局布线，也可以对用户指定的区域、网络、元件甚至是连接进行布线，用户可以根据需要选择最佳的布线方式。在 5 种自动布线方式中，All 方式表示系统完成所有的布线工作，无需用户中途干预；Net 方式表示由用户指定逐个网络进行交互式的自动布线，每指定一个网络，就给该网络布线；Connection 方式表示由用户指定逐个连接进行

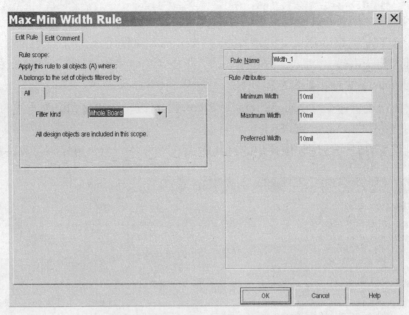

图 9.85 Max-Min Width Rule 对话框

图 9.86 【Auto Route】
命令菜单

交互式的自动布线，每指定一个连接关系，就给该连接布线；Component 方式表示由用户指定元件来进行交互式的自动布线，每指定一个元件，就给该元件的所有引脚布线；Area 方式表示由用户划定区域来进行交互式的自动布线，每选择一个区域，系统就给该区域的所有元件的引脚布线。下面介绍布线命令的具体操作。

（1）全局布线—All

执行【Auto Route|All】菜单命令，或使用热键【A|A】，弹出如图 9.87 所示的对话框（执行菜单命令【Auto Route|Setup】，也可弹出该对话框）。图 9.87 中各参数说明如下。

- Memory：设定采用内存式布线。
- Fan Out Used SMD Pins：设定表面粘贴式焊点采用延伸式连接。
- Pattern：设定采用样板式布线。
- Shape Router-Push And Shove：设定采用推挤式布线。
- Shape Router-Rip Up：设定采用拆线式布线。
- Clean During Routing：在自动布线过程中自动清除不必要的导线。
- Clean After Routing：在自动布线完成后清除不必要的导线。
- Evenly Space Tracks：设定焊点间走线是否均分。
- Add Testpoints：设定在电路板中加入测试点。
- Lock All Pre-routes：设定锁定预布线。

一般情况下，图 9.87 中的参数使用系统的缺省值即可。另外，在对话框右下方的字段里，可指定自动布线的格点间距大小，系统默认为 20 mil。格点越小，则布线时间越长，所需的内存越多。

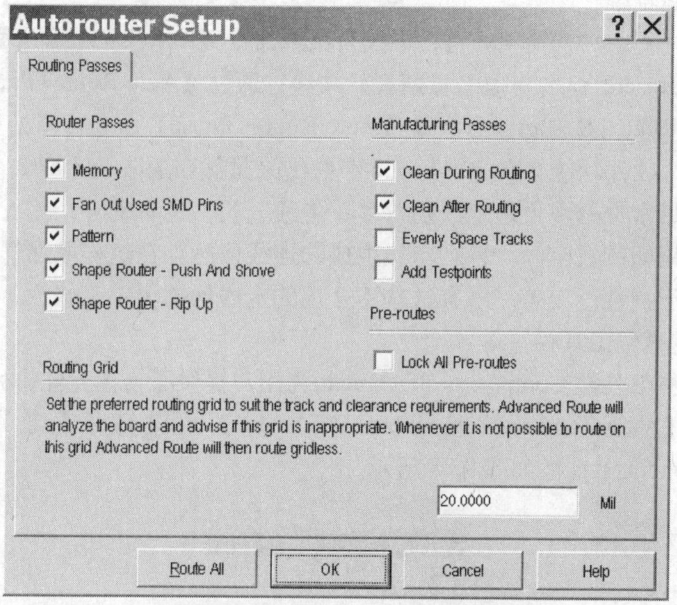

图 9.87 Autorouter Setup 对话框

设置好参数后，单击【Route All】按钮即可进行全局自动布线。

（2）指定网络布线—Net

执行菜单命令【Auto Route|Net】，或使用热键【A+N】，此时光标变成十字形状，移动光标到需要布线的网络（焊盘或连接线），并单击鼠标左键，系统便开始自动对该网络进行布线。

（3）指定两连接点之间布线—Connection

执行菜单命令【Auto Route|Connection】，或使用热键【A|C】，此时光标变成十字形状，移动光标到需要布线的连接线，并单击鼠标左键，系统便开始自动对该连接线进行布线。该连接线布线结束后，程序仍处于指定连接线布线命令状态，用户可以继续选定其他连接线进行自动布线。单击鼠标右键即可退出当前的命令状态。

（4）指定元件布线—Component

执行菜单命令【Auto Route|Component】，或使用热键【A|O】，此时光标变成十字形状，移动光标到需要布线的元件，并单击鼠标左键系统便开始自动对该元件进行布线。该元件布线结束后，程序仍处于指定元件布线命令状态，用户可以继续选定其他元件进行自动布线。单击鼠标右键即可退出当前的命令状态。

（5）指定区域布线—Area

执行菜单命令【Auto Route| Area】，或使用热键【A|R】，此时光标变成十字形状，移动光标到需要布线的元件左上角，并单击鼠标左键，然后拖动鼠标使得出现的矩形框包含需要布线的元件，之后单击鼠标左键，以构造一个布线区域，系统便开始自动对该区域内的所有元件进行布线。该元件布线结束后，程序仍处于指定区域布线命令状态，用户可以继

续选定其他布线区域进行自动布线。单击鼠标右键即可退出当前的命令状态。

（6）其他布线命令

在自动布线过程中，若发现异常，可执行菜单命令【Auto Route |Stop】，停止布线；通过【Auto Route | Reset】命令对电路重新开始布线；通过【Auto Route | Pause】命令暂停布线；通过【Auto Route | Restart】命令从【Auto Route | Pause】命令暂停处重新开始布线。

不论自动布线软件功能多么完善，自动布线结果虽然布通率为100%，但局部区域布线效果并不理想，最常见的现象是走线拐弯多，走线过长，也不美观；其次是布线密度不合理，没有充分利用印制板空间，自动布线生成的连线依然存在这样或那样的缺陷，使布线显得很零乱、抗干扰性能变差。所有这些不合理的走线均需要手工修改。

5. 元件位置调整工具栏

元件位置调整工具栏 Component Placement 为用户提供了方便元件排列和布局的工具。执行菜单命令【View|Toolbars|Component Placement】可以打开或者关闭该工具栏。Component Placement 工具栏如图 9.88 所示。

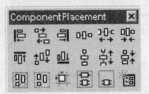

图 9.88　Component Placement 工具栏

在菜单【Tools|Interactive Placement】中，提供了与 Component Placement 工具栏对应的菜单命令，如图 9.89 所示。

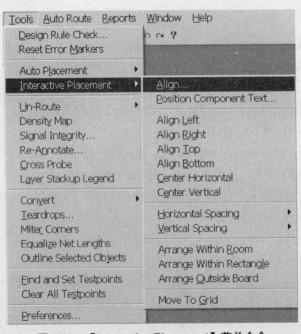

图 9.89　【Interactive Placement】菜单命令

表 9.1 列出了 Component Placement 工具栏各按钮的含义以及对应的【Tools|Interactive Placement】菜单命令。

表 9.1　　Component Placement 工具栏各按钮的含义以及对应的菜单命令

图　标	功　能	相应的菜单命令
📐	将选取的元件以最左边的元件为基准对齐	【Align Left】
📐	将选取的元件以水平中心线为基准对齐	【Center Horizontal】
📐	将选取的元件以最右边的元件为基准对齐	【Align Right】
📐	将选取的元件在水平方向均匀分布	【Horizontal Spacing|Make equal】
📐	增加选取元件在水平方向上的间隔	【Horizontal Spacing|Increase】
📐	减少选取元件在水平方向上的间隔	【Horizontal Spacing|Decrease】
📐	将选取的元件以最上边的元件为基准对齐	【Align Top】
📐	将选取的元件以竖直中心线为基准对齐	【Center Vertical】
📐	将选取的元件以最下边的元件为基准对齐	【Align Bottom】
📐	将选取的元件在竖直方向均匀分布	【Vertical Spacing|Make equal】
📐	增加选取元件在竖直方向上的间隔	【Vertical Spacing|Increase】
📐	减少选取元件在竖直方向上的间隔	【Vertical Spacing|Decrease】
📐	将选取的元件在空间内部进行排列	【Arrange Within Room】
📐	将选取的元件在一个矩形内排列	【Arrange Within Rectangle】
📐	将选取的元件在 PCB 板外进行排列	【Arrange Outside Board】
📐	打开 Align 对话框	【Align】

【练一练】

① 利用电路生成向导，新建一块 3600 mil×2400 mil 的矩形电路板，4 个角开口，尺寸为 200 mil×200 mil，板的内部无开口，双层板，过孔电镀，使用针脚式元件，导线最小宽度为 16 mil，元件管脚间只容许穿过一条导线。

② 利用电路生成向导，新建一块半径为 1 200 mil 的圆形电路板，双层板，表面粘贴式元件较多，双面放置元件，最小导线宽度为 12 mil。

③ 利用自动布局和自动布线的方法绘制项目七【练一练】中的第 (1)、第 (2) 题所示的 PCB，要求不变。

④ 在本项目中，使用同步器设计好 PCB 后，做以下练习。

a. 在电路图中的适当位置添加一个用于电源线和接地线连接的元件 JP1，元件属性如表 9.2 所示。

表 9.2 元件属性

Lib Ref 元件名称	Designator 元件标号	Footprint 封装形式	所属元件库	所属元件封装库
CON2	JP1	SIP2	Miscellaneous Devies.ddb	Advpcb.ddb

b．将 JP1 的两个引脚分别用导线或网络标号接入电源网络 VCC 和接地网络 GND。

c．使用同步器设计更新 PCB 文件。

d．利用手工调整的方法，在更新的 PCB 文件中将 JP1 的导线连接好。

e．删除 PCB 文件中的元件 JP1，并拆除与其相连的导线。

f．更新原理图文件，并拆除多余的导线。

项目十　多层 PCB 设计

【项目内容】

在项目五中设计了一个键盘/显示电路的层次原理图，本项目在该电路原理图的基础上，设计一个 6 层 PCB，各层的层叠方式如下。

- TopLayer——Signal layer1（信号层 1）。
- InternalPlane1——GND（接地层）。
- MidLayer1——Signal layer1（信号层 2）。
- InternalPlane2——VCC（电源层）。
- InternalPlane3——GND（接地层）。
- BottomLayer——Signal layer3（信号层 3）。

【项目目标】

（1）了解多层 PCB 的基本设计流程。
（2）了解多层 PCB 的工作层管理与设置方法。
（3）了解多层 PCB 的层叠结构。
（4）进一步熟悉 PCB 设计的方法和有关操作。

【操作步骤】

1．准备原理图

（1）检查并修改原理图

① 打开设计好的键盘显示电路原理图，并通过 ERC 检查确认电路原理图设计正确。

② 将数码管 MY_LED 的 Footprint 属性修改为 MY_LED_FT。

（2）创建网络表

① 在原理图编辑器中，选择菜单命令【Design| Create Netlist】，系统弹出 Netlist Creation 网络表设置对话框，如图 10.1 所示。

② 按照图 10.1 所示设置好后，单击【OK】按钮，系统自动产生网络表文件。

2．使用向导生成电路板

（1）执行菜单命令【File|New】，在弹出的 New

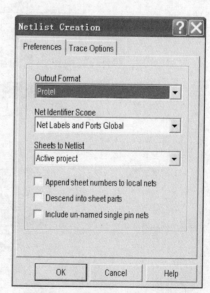

图 10.1　Netlist Creation 对话框

Document 对话框中选择 Wizards 选项卡，如图 10.2 所示。

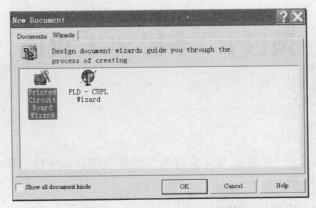

图 10.2　New Document 对话框

（2）选择图 10.2 中的 Print Circuit board Wizard 图标，单击【OK】按钮，将弹出如图 10.3 所示的 Board Wizard 对话框。

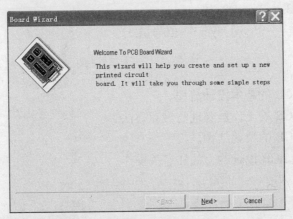

图 10.3　电路板向导 Board Wizard

（3）单击【Next】按钮，将弹出如图 10.4 所示的电路板模板选择列表。

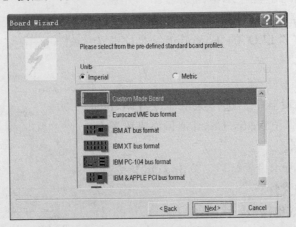

图 10.4　选择电路板模板

232

（4）选择 Custom Made Board，单击【Next】按钮，系统弹出设定电路板相关参数的对话框，如图 10.5 所示。

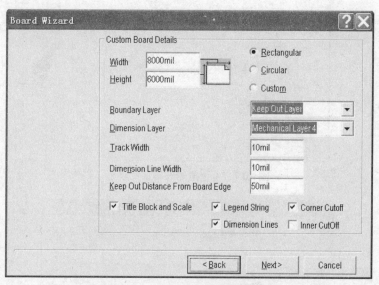

图 10.5　自定义电路板的参数设置

（5）按如图 10.5 所示设置好参数。单击【Next】按钮，出现边框尺寸设置对话框，如图 10.6 所示，在此可进一步修改边框尺寸。

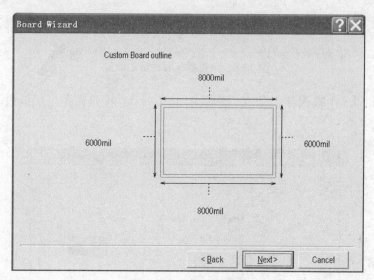

图 10.6　边框尺寸设置

（6）单击【Next】按钮，出现 4 个角的开口尺寸设置对话框，如图 10.7 所示，在此刻修改 4 个角的开口尺寸。

（7）单击【Next】按钮，出现的电路板标题栏信息设置对话框，如图 10.8 所示。

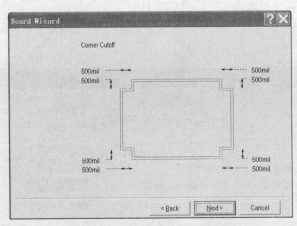

图 10.7　4 个角的开口尺寸设置

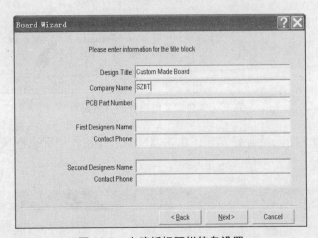

图 10.8　电路板标题栏信息设置

　　(8) 在图 10.8 中输入相关信息，然后单击【Next】按钮，弹出层板设置对话框，如图 10.9 所示。

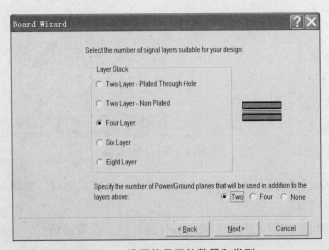

图 10.9　设置信号层的数量和类型

（9）按图 10.9 所示设置好信号层的数量和类型，以及电源/接地层的数目，可见，该 PCB 为 6 层板，其中有 4 个信号层和 2 个电源/接地层。单击【Next】按钮，将弹出过孔类型设置对话框，如图 10.10 所示。

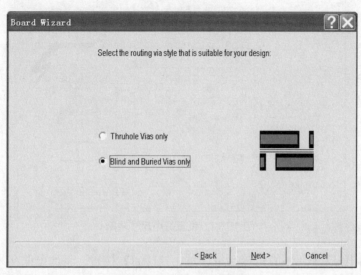

图 10.10 设置过孔的类型

（10）按图 10.10 所示设置好对话框，然后单击【Next】按钮，弹出使用的布线技术设置对话框，如图 10.11 所示。如选择 Through-hole components（针脚式元件），则还要设置在两个之间穿过的导线数目，有 One Track、Two Track 和 Three Track 共 3 个选项，如图 10.11（a）所示；选择 Surface-mount components（表贴式元件），则要设置是否在电路板的两面放置，如图 10.11（b）所示。

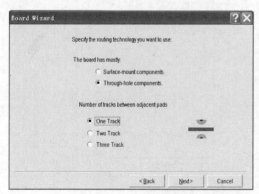 

（a）选择针脚式元件时的设置   （b） 选择表贴式元件时的设置

图 10.11 布线技术设置

（11）按图 10.11（a）所示设置好对话框，单击【Next】按钮，弹出如图 10.12 所示的对话框，该对话框可设置 Minimum Track Size（最小的导线宽度）、Minimun Via Width（最小焊盘外径）、Minimum Via HoleSize（最小过孔尺寸）和 Minimum Clearance（相邻走线的最小间距）。这些参数都会作为自动布线的参考数据。

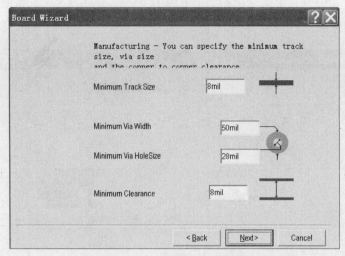

图 10.12　设置最小尺寸限制

（12）按图 10.12 所示设置好对话框，单击【Next】按钮，将弹出保存为模板对话框，如图 10.13 所示。

（13）如图 10.13 所示，选择作为模板保存后，可以输入模板名称和模板的文字描述，然后单击【Next】按钮，弹出完成对话框，单击【Finish】按钮结束生成电路板的过程，如图 10.14 所示，工作窗口出现设计好的电路板模板，电路板初步规划完毕，在后续的设计中，再对工作层进行设置和管理。

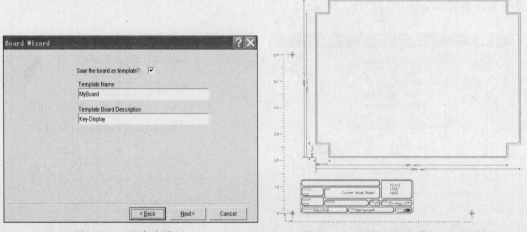

图 10.13　保存为模板　　　　　图 10.14　利用向导生成的 PCB 模板

3. 加载 PCB 元件库

（1）在 PCB 管理器中，单击 "Browse PCB" 选项卡，在 "Browse" 下拉列表框中，选择 Libraries（元件封装库），单击框中的【Add/Remove】按钮。

（2）如图 10.15 所示，在弹出的 PCB Libraries 对话框中，加载元件封装库 Advpcb.ddb

和在项目八中创建的元件封装库（如 ex08Lib.ddb）。

图 10.15　PCB Libraries 对话框

4．装入网络表文件

系统提供两种网络表的装入方法：直接装入网络表文件；利用同步器 Synchronizer。在此使用直接装入网络表文件的方法。

（1）在 PCB 编辑器中，执行菜单命令【Design|Load Nets】，将弹出如图 10.16 所示的 Load/Forward Annotate Netlist 对话框。

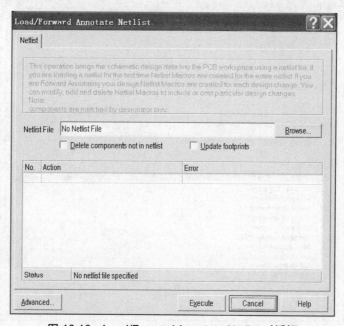

图 10.16　Load/Forward Annotate Netlist 对话框

（2）单击【Browse】按钮，弹出 Select（选择网络表文件）对话框，如图 10.17 所示，找到并选取网络表文件，例如，如图 10.17 所示的 Key-Display.NET。

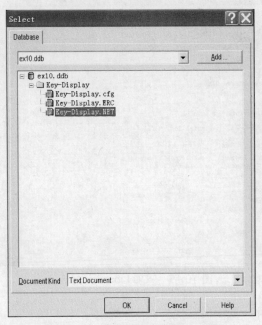

图 10.17　选择网络表文件对话框

（3）单击【OK】按钮，系统开始自动生成网络宏（Netlist Macro），并列出在对话框中，如图 10.18 所示。

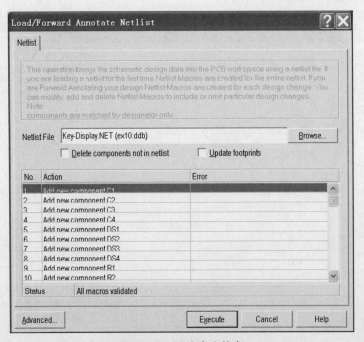

图 10.18　网络表宏信息

（4）如图 10.18 所示，网络表的 Status 栏中，显示的是 All macros validated，说明生成网络宏时没有出错，单击图 10.18 中底部的【Execute】按钮，完成网络表和元件的装入，结果如图 10.19 所示。

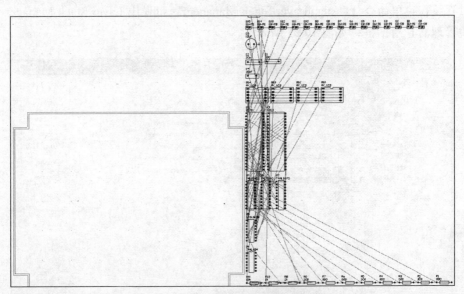

图 10.19　装入网络表和元件后的 PCB

5．元件的布局

采用手工布局的方法对元件进行布局，布局完毕后的结果如图 10.20 所示。

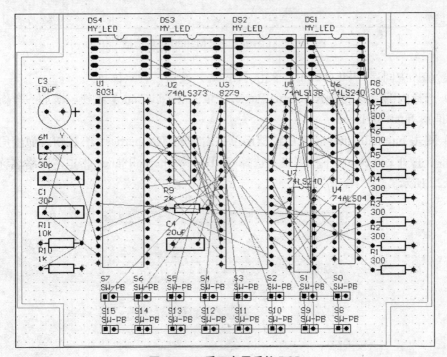

图 10.20　手工布局后的 PCB

6. 工作层的设置和管理

根据本项目的 6 层 PCB 中各层的层叠方式，需要对工作层进行增删，并设置相关层的属性。

（1）执行菜单命令【Design|Layer Stack Manager】，可弹出 Layer Stack Manager（工作层堆栈管理器）对话框，如图 10.21 所示。

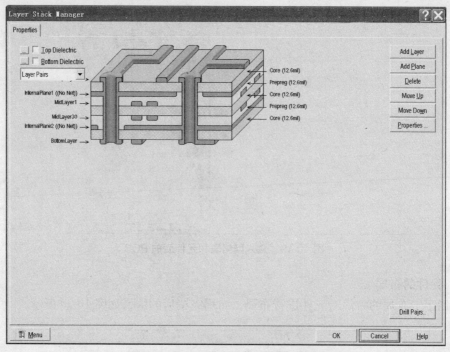

图 10.21　Layer Stack Manager 对话框

（2）选择中间层 MidLayer30，单击【Delete】按钮，删除该层。

（3）选择内部电源/接地层 InternalPlane2，单击【Add Plane】按钮，增加一个新的内部电源/接地层 InternalPlane3。

（4）双击 InternalPlane1 或选中该层后单击右侧的【Properties…】按钮，弹出层属性设置对话框，打开 Net Name 下拉列表并选择 GND，为 InternalPlane1 指定了网络名称 GND，如图 10.22 所示。

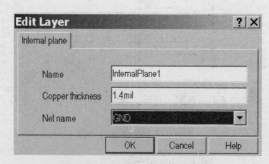

图 10.22　层属性设置对话框

（5）单击【OK】按钮，关闭层属性设置对话框。

（6）用同样的方法为 InternalPlane2 指定网络名称 VCC，为 InternalPlane3 指定网络名称 GND。

（7）设置好的工作层如图 10.23 所示。单击【OK】按钮，关闭 Layer Stack Manager 对话框。

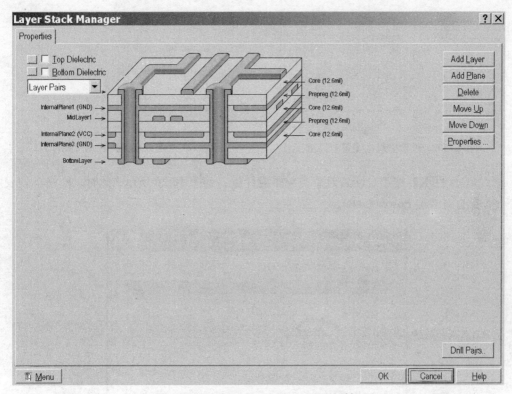

图 10.23　Layer Stack Manager 对话框

7. 自动布线

（1）布线设计规则设置

布局完成后，开始进行电路板的布线。在布线之前，首先要设置合理的布线规则。在本例中走线规则要求为：整版的对象安全间距为 8mil；整版的走线宽度约束为最小为 10mil，最大为 50mil，缺省为 10mil；电源网络类（VCC 和 GND）的走线最小宽度为 10mil，最大宽度为 100mil。为此，增加一个新的电源网络类—Power-GND。

① 增加电源网络类—Power-GND

a．执行菜单命令【Design|Classes...】，弹出对象类编辑对话框 Object Classes，如图 10.24 所示。

b．在 Net 选项卡中，单击【Add】按钮，出现网络类编辑对话框 Edit Net Class，在对话框的 Name 文本框中输入网络类的名称 Power-GND，然后将左边列表中的 GND、VCC 移动到右边列表，如图 10.25 所示。

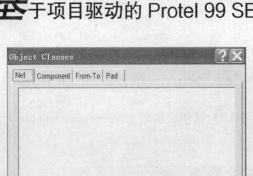

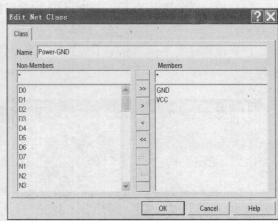

图 10.24 对象类属性设置对话框　　　　　图 10.25 设置网络类 Power-GND

　　c. 单击【OK】按钮，回到对象类编辑对话框，如图 10.26 所示，此时，网络类列表中有一个新的网络类 Power-GND。

图 10.26 增加了新的网络类 Power-GND

　　d. 单击【Close】按钮，退出对象类编辑对话框。

　　② 设置布线规则

　　在 PCB 编辑器中，执行菜单命令【Design|Rules】，系统将弹出设计规则 Design Rules 对话框，布线设计规则的设置主要在 Routing 选项卡中。

　　a. 设置 Clearance Constraint 为 8mil，如图 10.27 所示。

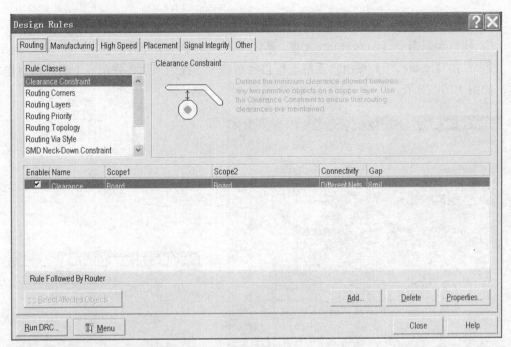

图 10.27　设置 Clearance Constraint

b. 为网络类 Power-GND 和整版的走线宽度分别设置一个 Width Constraint 规则，如图 10.28 所示。

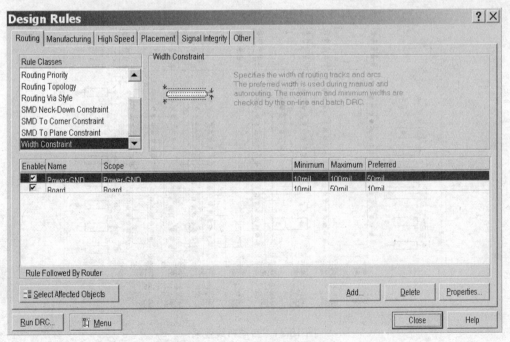

图 10.28　设置 Width Constraint

c. 其他规则采用默认设置，单击【Close】按钮关闭设计规则 Design Rules 对话框。

（2）运行自动布线

① 执行菜单命令【Auto Route|All】，系统弹出自动布线设置对话框，如图 10.29 所示。

② 单击【Route All】按钮，系统进行自动布线。布线结束后，弹出一个布线信息提示框，如图 10.30 所示。

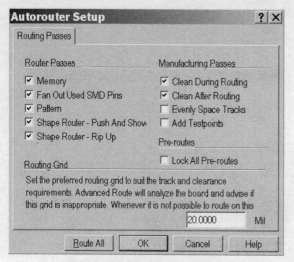

图 10.29　自动布线设置对话框

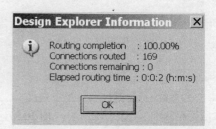

图 10.30　布线信息提示框

③ 单击【OK】按钮，布线效果如图 10.31 所示。

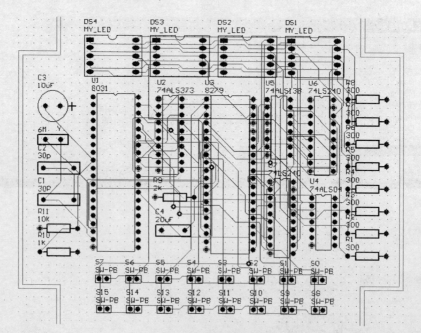

图 10.31　自动布线效果

（3）补泪滴

执行菜单命令【Tools|TearDrops...】，弹出 Teardrop Options 对话框，如图 10.32 所

示，按如图 10.32 所示设置好对话框，单击【OK】按钮，给所有的焊盘和过孔添加弧形泪滴。

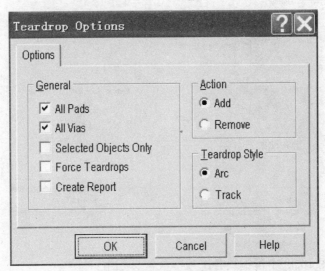

图 10.32　补泪滴设置

（4）覆铜

覆铜是印刷电路板设计完成后进行的一种常用操作，它是把电路板上没有布线的地方铺满铜膜，通常这层铜膜会连上特定的网络，例如 GND 网络，其目的是屏蔽信号线之间的干扰，提高整版的 EMC 性能，同时还可以起到散热的效果。

① 执行菜单命令【Design|Rules】，系统将弹出设计规则 Design Rules 对话框，在 Routing 选项卡中，将 Clearance Constraint 设置为 30mil。

要点提示：图 10.33 中覆铜层各选项参数含义如下：对于一块元件引脚精细、走线密集的印制电路板，为了布线的需要设计者若将导线之间的间距约束（Clearance Constraint）设置为较小的值，例如"10mil"或者更小，那么在系统敷设铜膜的时候，也会根据此间距约束项的值来确定铜膜与非相同网络导线之间的间隔宽度，那么铜膜与导线之间的隔离区将非常狭窄，这就可能造成电气绝缘不够的情况，给整个电路板的安全工作带来危险。因此，在覆铜之前，设计者通常需要重新修改【Clearance Constraint】约束项，将其设置为较大的值（此时可以不必理会电路板上的间距约束冲突），再执行覆铜命令。运行完覆铜命令后，将间距约束改为覆铜之前较小的值，那么电路板上的间距冲突就不复存在了，并且铜膜与导线之间也具备了足够的安全间距。

② 执行菜单命令【Place|Polygon Plane…】，在弹出的覆铜设置对话框中设置好个选项，如图 10.33 所示，在顶层（TopLayer）铺设网络为 GND 的铜膜。

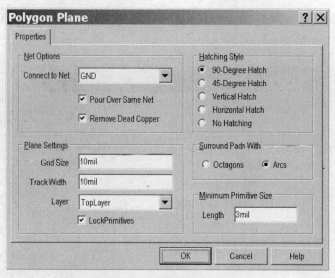

图 10.33　覆铜设置对话框

要点提示：图 10.33 中覆铜层各选项参数含义如下：

- Net Options：用于设置覆铜的网络属性。
  - Connect to Net：用于选择与铜膜连接的电气网络，通常是 GND 网络。
  - Pour Over Same：选中该选项时，在覆铜的时候，铜膜与相同网络的导线不隔离。也就是说，覆铜在遇到相同网络的导线时，将直接覆盖过去。
  - Remove Dead Copper：用于设置是否删除死铜。死铜是指在覆铜之后与指定网络无法通过焊盘连接的孤立铜膜。
  - Hatching Style：用于设置覆铜的样式。可选择的样式有 90°小方格、斜 45°小方格（菱形）、水平线条、垂直线条、不用线填充（即中空）等。
- Plane Settings：用于设置覆铜时网格的大小、网格线宽度以及覆铜所在的工作层等。
- Surround Pads With：设置覆铜区包围焊点的方式。可以选择八角形（Octagons）或圆弧形（Arcs）方式（一般多选择圆弧形）。
- Minimum Primitive Size：用于设置最短的铜膜网格线的长度。

③ 执行菜单命令【Design|Options】，在 Document Options 对话框中，打开 MidLayer1、KeepOutLayer 和 MultiLayer 层，将其他层关闭。

④ 执行菜单命令【Place|Polygon Plane...】，在中间层（MidLayer1）铺设网络为"GND"的铜膜。

⑤ 用同样的方法在底层（BottomLayer）铺设网络为 GND 的铜膜。

⑥ 执行菜单命令【Design|Rules】，在 Routing 选项卡中，将 Clearance Constraint 恢复为 8mil。

（5）设计规则检查-DRC

在自动布线结束后，可以利用设计规则检查（Design Rule Check，DRC）功能来检查布线结果是否满足所设定的布线要求。如果生成的报告文件中提示没有错误，那么一块 6 层电路板就基本设计完成了。

（6）观察各工作层布线结果

① InternalPlane（内部电源/接地层）

a. 执行菜单命令【Tools|Preferences…】，打开 Preferences 对话框。

b. 单击 Display 选项卡，在 Display options 选项组中，选中 Single Layer Mode，然后单击【OK】按钮，退出 Preferences 对话框。这样，在 PCB 编辑区中，每次只显示选中的工作层。

c. 选中 InterPlane1，如图 10.34（a）所示，网络名称为 GND 的焊盘以 Relief Connect 的形式与 InterPlane1 相连，而不属于 GND 的焊盘与 InterPlane1 是绝缘的。

d. 选中 InterPlane2，如图 10.34（b）所示，网络名称为 VCC 的焊盘以 Relief Connect 的形式与 InterPlane2 相连，而不属于 VCC 的焊盘与 InterPlane2 是绝缘的。

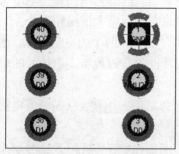 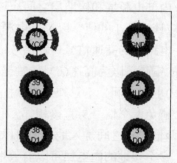

（a）InternalPlane1(GND)　　　　　（b）InternalPlane2(VCC)

图 10.34　InternalPlane 的显示

② 其他工作层

在单层显示方式下，单击其他层，观察布线结果。

【相关知识】

1. 多层 PCB 的层叠结构

在设计多层电路板之前，设计者首先需要根据电路的规模、电路板的尺寸和 EMC（电磁兼容）等要求确定采用的电路板结构，即电路板的层数。在确定了电路板层数后，还需要考虑如何在这些层上分布不同的信号以及内部电源/接地平面的叠放位置，这就是多层 PCB 层叠结构的选择问题。层叠结构是影响 PCB 板 EMC 性能的一个重要因素，也是抑制电磁干扰的一个重要手段。

（1）层数的选择

确定多层 PCB 板的层叠结构需要考虑的因素较多。从布线方面来说，层数越多越利于布线，但是制板成本和难度也会随之增加。对于生产厂家来说，层叠结构对称与否是 PCB 板制造时需要关注的焦点，所以层数的选择需要考虑各方面的需求，以达到最佳的平衡。

对于有经验的设计人员来说，在完成元器件的预布局后，会对 PCB 的布线瓶颈处进行重点分析。结合其他 EDA 工具分析电路板的布线密度；再综合有特殊布线要求的信号线如差分线、敏感信号线等的数量和种类来确定信号层的层数；然后根据电源的种类、隔离和抗干扰的要求来确定内电层的数目。这样，整个电路板的板层数目就基本确定了。

（2）层的叠加原则

确定了电路板的层数后，接下来的工作便是合理地排列各层电路的放置顺序。在这一步骤中，需要考虑的因素主要有以下两点。

① 特殊信号层的分布。

② 电源层和接地层的分布。

如果电路板的层数越多，特殊信号层、接地层和电源层的排列组合的种类也就越多，如何来确定哪种组合方式最优也越困难，但总的原则有以下几条。

① 信号层应该与一个内电层相邻（内部电源/接地层），利用内电层的大铜膜来为信号层提供屏蔽。

② 内部电源层和接地层之间应该紧密耦合，也就是说，内部电源层和接地层之间的介质厚度应该取较小的值，以提高电源层和接地层之间的电容，增大谐振频率。

③ 电路中的高速信号传输层应该是信号中间层，并且夹在两个内电层之间。这样两个内电层的铜膜可以为高速信号传输提供电磁屏蔽，同时也能有效地将高速信号的辐射限制在两个内电层之间，不对外造成干扰。

④ 避免两个信号层直接相邻。相邻的信号层之间容易引入串扰，从而导致电路功能失效。在两信号层之间加入地平面可以有效地避免串扰。

⑤ 多个接地的内电层可以有效地降低接地阻抗。例如，A 信号层和 B 信号层采用各自单独的地平面，可以有效地降低共模干扰。

⑥ 兼顾层结构的对称性。

（3）常用的层叠结构

在具体设置 PCB 层时，要对上述原则灵活掌握，根据实际电路板的需求，确定层数及层的分布，切忌生搬硬套。表 10.1 给出了多层板层叠结构的推荐方案供参考。

表 10.1　多层板层叠结构参考表

层数	电源层	地层	信号层	1	2	3	4	5	6	7	8	9	10	11	12
4	1	1	2	S1	G1	P1	S2								
6	1	2	3	S1	G1	S2	P1	G2	S3						
8	1	3	4	S1	G1	S2	G2	P1	S3	G3	S4				
8	2	2	4	S1	G1	S2	P1	G2	S3	P2	S4				
10	2	3	5	S1	G1	P1	S2	S3	G2	S4	P2	G3	S5		
10	1	3	6	S1	G1	S2	S3	G2	P1	S4	S5	G3	S6		
12	1	5	6	S1	G1	S2	G2	S3	G3	P1	S4	G4	S5	G5	S6
12	2	4	6	S1	G1	S2	G2	S3	P1	G3	S4	P2	S5	G4	S6

注：S：Signal Layer，信号层

P：Power Layer，电源层

G：GND Layer，接地层

2. 层堆栈管理器-Layer Statck Manager

Protel 系统中提供了专门的层设置和管理工具——Layer Stack Manager（层堆栈管理器）。这个工具可以帮助设计者添加、修改和删除工作层，并对层的属性进行定义和修改。执行菜单命令【Design|Layer Stack Manager…】，即可弹出如图 10.35 所示的层堆栈管理器属性设置对话框。

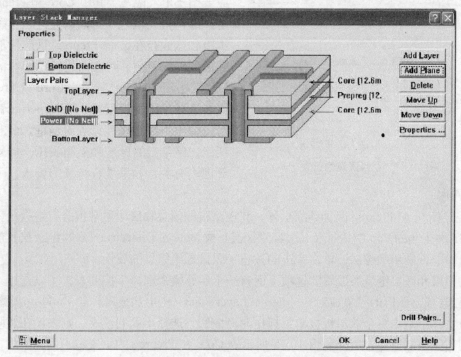

图 10.35　Layer Stack Manager 对话框

图 10.35 所示的是一个 4 层 PCB 的层堆栈管理器界面。除了顶层（TopLayer）和底层（BottomLayer）外，还有两个内部电源层（Power）和接地层（GND），这些层的位置在图中都有清晰的显示。双击层的名称或者单击【Properties】按钮可以弹出层属性设置对话框，如图 10.36 所示，图中各选项的含义说明如下。

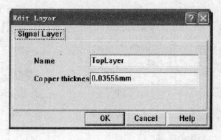 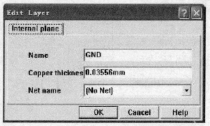

图 10.36　层属性设置

- Name：用于指定该层的名称。
- Copper thickness：指定该层的铜膜厚度，默认值为 1.4mil。铜膜越厚则相同宽度的导线所能承受的载流量越大。

- Net name：在下拉列表中指定该层所连接的网络。本选项只能用于设置内电层，信号层没有该选项。如果该内电层只有一个网络如+5V，那么可以在此处指定网络名称；但是如果内电层需要被分割为几个不同的区域，那么就不要在此处指定网络名称。

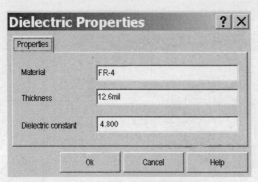

图 10.37　绝缘层属性设置

在层间还有绝缘材质作为电路板的载体或者用于电气隔离。其中 Core 和 Prepreg 都是绝缘材料，但是 Core 是板材的双面都有铜膜和连线存在，而 Prepreg 只是用于层间隔离的绝缘物质。两者的属性设置对话框相同，双击图 10.35 中所示的 Core 或 Prepreg，或者选择绝缘材料后单击【Properties】按钮可以弹出绝缘层属性设置对话框。如图 10.37 所示。绝缘层的厚度和层间耐压、信号耦合等因素有关，如果没有特殊的要求，一般选择默认值。

除了 Core 和 Prepreg 两种绝缘层外，在电路板的顶层和底层通常也会有绝缘层。单击图 10.35 左上角的 Top Dielectric（顶层绝缘层）或 Bottom Dielectric（底层绝缘层）前的选择框选择是否显示绝缘层，单击旁边的按钮可以设置绝缘层的属性。

在顶层和底层绝缘层设置的选项下面有一个层叠模式选择下拉列表，可以选择不同的层叠模式：Layer Pairs（层成对）、Internal Layer Pairs（内电层成对）和 Build-up（叠压）。多层板实际上是由多个双层板或单层板压制而成的，选择不同的模式，则表示在实际制作中采用不同压制方法，所以如图 10.38 所示的 Core 和 Prepreg 的位置也不同。例如，层成对模式就是两个双层板夹一个绝缘层（Prepreg），内电层成对模式就是两个单层板夹一个双层板。通常采用默认的 Layer Pairs（层成对）模式。

（a）层成对模式

图 10.38　层叠模式选择

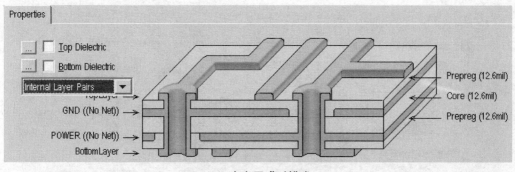

（b）内电层成对模式

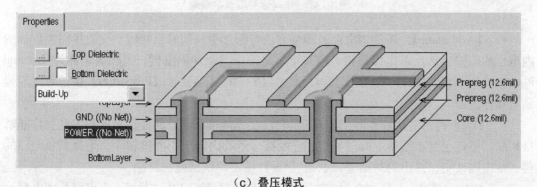

（c）叠压模式

图 10.38 层叠模式选择（续）

在图 10.35 所示的层堆栈管理器属性设置对话框右侧有一列层操作按钮，各个按钮的功能如下。

- 【Add Layer】：添加中间信号层。例如，需要在 GND 和 Power 之间添加一个高速信号层，则应该首先选择 GND 层，如图 10.39 所示。单击【Add Layer】按钮，则会在 GND 层下添加一个信号层，如图 10.40 所示，其默认名称为 MidLayer1，MidLayer2，……，依此类推。双击层的名称或者单击【Properties】按钮可以设置该层属性。

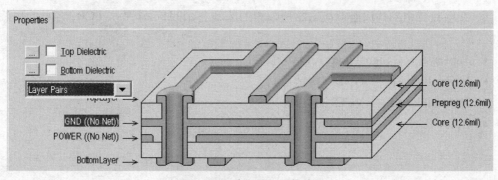

图 10.39 选择添加层的位置

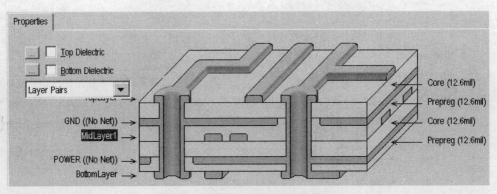

图 10.40　中间信号层添加结果

- 【Add Plane】：添加内电层。添加方法与添加中间信号层相同。先选择需要添加的内电层的位置，然后单击该按钮，则在指定层的下方添加内电层，其默认名称为 Internal Plane1，InternalPlane2，…，依此类推。双击层的名称或者点击【Properties】按钮可以设置该层属性。

- 【Delete】：删除某个层。除了顶层和底层不能被删除，其他信号层和内电层均能够被删除，但是已经布线的中间信号层和已经被分割的内电层不能被删除。选择需要删除的层，单击该按钮，弹出的对话框，单击【Yes】按钮则该层就被删除。

- 【Move Up】：上移一个层。选择需要上移的层（可以是信号层，也可以是内电层），单击该按钮，则该层会上移一层，但不会超过顶层。

- 【Move Down】：下移一个层。与【Move Up】按钮相似，单击该按钮，则该层会下移一层，但不会超过底层。

- 【Properties】：属性按钮。单击该按钮，弹出类似图 10.36 所示的层属性设置对话框。

【练一练】

① 使用同步器（Synchronizer）重新设计项目五中的键盘/显示电路的 PCB，各层的层叠方式与本项目相同。

② 在项目三中的拔河游戏机电路原理图的基础上，设计一个 4 层 PCB，各层的层叠方式如下：

- TopLayer——Signal layer1（信号层 1）
- InternalPlane1——GND（接地层）
- InternalPlane2——VCC（电源层）
- BottomLayer——Signal layer3（信号层 2）

参 考 文 献

[1] 及力，等．《Protel 99 SE 原理图与 PCB 设计教程》．北京：电子工业出版社，2004.

[2] 刘坤，等．《Protel 99 SE 电路设计实例教程》．北京：清华大学出版社，2007.

[3] 及力，等．《Protel 99 SE 原理图与 PCB 设计教程》（第二版）．北京：电子工业出版社，2008.